U0334582

中国石化多波地震技术重点实验室
第二次学术交流会论文集

（2012年）

魏修成　唐建明　黄中玉　季玉新　徐天吉　陈天胜　等编

石油工业出版社

内 容 提 要

该书为中国石化多次波地震技术重点实验室第二次学术交流会论文集。内容包括岩石物理研究、多分量处理技术、多波解释方法、软件系统研发。

本书可供石油物探专业技术人员参考。

图书在版编目（CIP）数据

中国石化多波地震技术重点实验室第二次学术交流会论文集
（2012 年）/魏修成等编 . —北京：石油工业出版社，2013. 12
ISBN 978 - 7 - 5021 - 9913 - 5

Ⅰ. 中…

Ⅱ. 魏…

Ⅲ. 油气勘探 - 地震勘探 - 文集

Ⅳ. P618. 130. 8 - 53

中国版本图书馆 CIP 数据核字（2013）第 292575 号

出版发行：石油工业出版社
　　　　　（北京安定门外安华里 2 区 1 号　　100011）
　　　　　网　　址：www. petropub. com. cn
　　　　　编辑部：（010）64523533　发行部：（010）64523620
经　　销：全国新华书店
印　　刷：北京晨旭印刷厂

2013 年 12 月第 1 版　2013 年 12 月第 1 次印刷
787×1092 毫米　开本：1/16　印张：7.75　插页：10
字数：230 千字

定价：58.00 元

魏修成在中国石化多波地震技术重点实验室学术委员会第二次学术交流会上做报告

唐建明在中国石化多波地震技术重点实验室学术委员会第二次学术交流会上做报告

中国石化多波地震技术重点实验室第一届学术委员会第二次全体会议

中国石化多波地震技术重点实验室全体成员合影

前　　言

中国石化多波地震技术重点实验室是中国石油化工集团公司于2011年首批命名的重点实验室之一，由中国石化西南石油分公司与中国石化石油勘探开发研究院联合建设。

实验室的建设目标是：致力于多分量地震前沿技术的基础理论探索、方法技术攻关，为油田企业勘探开发服务。以"探索前沿理论、研发实用技术、提供优质服务、造就创新团队"为主要目标，坚持"协同创新"，注重"应用实效"，力争建立综合指标达到国际一流水平的多波地震技术重点实验室，为中国石化油气勘探开发提供技术保障。

实验室的攻关方向为：在矢量波场理论方面开展与矢量波场传播机制和方位各向异性相关的应用基础理论研究；在多分量采集技术方面开展多分量地震资料采集设计、方案优化、参数分析、观测系统优选等；多分量地震成像方面研究以多分量地震成像为核心的处理技术，如转换波静校正方法、矢量波场去噪、多波速度建模和多波偏移成像技术；多波储层预测方面研究与多波应用相关的方法，如多波层位标定、多波 AVO 反演、多波属性提取、多波裂缝描述和多波流体判识等方法；软件系统研发包含多分量地震资料处理系统和多波地震资料综合解释系统。

实验室预期5年内实现的研发成果包括以下方面：

理论成果。全面跟踪国际多波多分量技术发展前沿，研究油气储层微观地震波场传播机理。在多波裂缝描述、储层参数反演及流体预测方面，提出符合地震波场传播规律的方法。获得1~2项在多波多分量研究领域起到引领作用的创新性理论成果。

技术成果。形成多波多分量技术系列，自主研发系统平台，集成应用软件。打造既可独立运行，又能方便地移植的中国石化地球物理资料处理、解释综合应用平台，构成特色功能的子系统。实现多分量地震处理系统和多波地震解释系统的工业化应用。

应用成果。以实际多波资料的应用效果衡量研发成效。实验室研发成果的综合应用首先以中国石化西南油气分公司的多波资料采集区为应用靶区（地区性成果），其次为中国石化其他探区的油气勘探开发服务（推广性成果），最终实现国际化商业服务（商业化成果）。

2012年10月15日，在成都举行了多波地震技术重点实验室第一届学术委员会第二次全体会议，审议通过了实验室工作报告和2013年年度工作计划，交流了实验室研发人员在多波地震技术方面的研究成果。本论文集收录了这次会议上交流的部分学术论文（14篇）。这些论文涵盖了岩石物理研究、多分量处理技术、多波解释方法和软件系统研发四个方面的研究内容。

岩石物理研究部分收录了2篇论文，包括相容性岩石物理建模、孔隙结构对地震波速度和渗透率影响的研究成果。

多分量处理技术部分收录了4篇论文，包括曲线型干扰滤波、转换波剩余静校正、转换波叠前时间偏移成像处理方面的研究及应用成果。

多波解释方法部分收录了7篇论文。包括多波 AVO 属性联合反演、纵横波匹配影响因素分析、频变 AVO 反演含气性预测、射线参数与 AVO 反演、频率衰减属性含气性预测和页岩气地球物理预测与评价技术的研究成果。

　　软件系统研发部分收录了 1 篇论文，展示了基于 MPI 和 CUDA 的转换波 Kirchhoff 叠前时间偏移并行计算方面的开发成果。

　　本论文集是实验室 2012—2013 年度部分科研成果的结晶，期望其中的学术观点可引起共鸣，应用实例可资借鉴，进而能对多波多分量技术的应用起到些许推动作用。由于多波多分量地震技术还属于发展中的技术，加之作者和编者水平所限，难免存在谬误和不足，敬请读者批评指正。

中国石化多波地震技术重点实验室主任

2013 年 10 月 27 日

目　录

第一部分

岩石物理研究

相容性岩石物理建模方法

刘春园　魏修成　陈天胜　刘　炯　陈　冬

中国石油化工股份有限公司石油勘探开发研究院，中国石化多波地震技术重点实验室

摘　要　本文通过分析现有岩石物理建模方法的不足，提出相容性岩石物理建模方法。相容性岩石物理建模是一种基于岩石物理模型的测井曲线反演横波预测方法。该方法以岩石物理模型为基础，以测井纵波速度（如有横波速度则包括横波速度）和密度为约束条件，以常规测井计算得到的泥质含量、孔隙度和饱和度为初始模型，反演泥质含量、孔隙度和饱和度。在此基础上再进行岩石物理建模，实现流体替换和横波预测。文中通过丰谷地区相容性岩石物理建模的应用，分析了该方法的优点及适用条件，并提出该方法发展的方向。

关键词　岩石物理　建模　相容性　测井曲线反演　井震标定

1　问题的提出

岩石物理是地震储层研究和油气检测的理论基础，而岩石物理模型是进行岩石物理研究、求取横波速度的重要基础；同时，岩石物理模型还是利用地震数据提取岩性、孔隙度和流体成分等参数的基础，是研究地震响应特征与岩石弹性参数、速度、密度和流体关系的基础。

岩石物理模拟是通过构建地下岩石中不同矿物、孔隙及流体的组合，形成一个模型，通过不同矿物含量及矿物格架的孔隙结构、温度、压力及流体类型等，选择合适的岩石物理模拟公式，再通过计算得到该岩石的纵波和横波速度、密度等参数，并进而计算其振幅、阻抗、AVO 响应及其他相关属性。常用的岩石物理模拟方法的 Gassmann 公式为

$$\rho_{sat} = (1-\phi)\rho_m + \phi\rho_f \tag{1}$$

$$K_{sat} = K_d + \frac{(1-K_d/K_m)^2}{\dfrac{\phi}{K_f} + \dfrac{1-\phi}{K_m} - \dfrac{K_d}{K_m^2}} \qquad \mu_{sat} = \mu_d \tag{2}$$

$$v_P = \sqrt{\frac{K_{sat} + \dfrac{4}{3}\mu_{sat}}{\rho_{sat}}} \qquad v_S = \sqrt{\frac{\mu_{sat}}{\rho_{sat}}} \tag{3}$$

式中，ρ_{sat} 是含流体岩石密度；ϕ 是岩石孔隙度；ρ_m 是岩石骨架密度；ρ_f 是流体密度；K_{sat} 是含流体岩石体积模量；K_d 是骨架体积模量；K_m 是组成岩石的矿物体积模量；K_f 是流体体积模量；v_P 是岩石纵波速度；v_S 是岩石横波速度；μ_{sat} 是饱含流体的岩石剪切模量；μ_d 是干岩石剪切模量。

从上述公式中，可以发现岩石物理模拟需要用到测井矿物组分、孔隙度和流体类型及含量，这些参数通常都是由测井技术人员计算得来的。计算方法分别为

$$SH = \frac{G - G_{\min}}{G_{\max} - G_{\min}} \qquad V_{sh} = \frac{2^{SH \cdot GCUR} - 1}{2^{SH} - 1} \qquad (4)$$

$$\phi = (\rho - \rho_G)/(\rho_f - \rho_G) - V_{sh} \cdot (\rho_{sh} - \rho_G)/(\rho_f - \rho_G) \qquad (5)$$

$$或 \quad \phi = f(\rho) \quad 或 \quad \phi = f(AC) \qquad (6)$$

$$S_w = \sqrt[n]{\frac{abR_w}{\phi^m R_t}} \qquad S_g = 1 - S_w \qquad (7)$$

式中，SH 是利用自然伽马测井求得的泥质含量；G 是伽马值；$G_{\min}$ 是最小伽马值；$G_{\max}$ 是最大伽马值；$GCUR$ 是与地层有关的经验系数，新地层 $GCUR = 3.7$，老地层 $GCUR = 2.7$；V_{sh} 是泥质含量；ϕ 代表岩石孔隙度；ρ 代表岩石密度；ρ_G 代表骨架密度；ρ_f 代表流体密度；ρ_{sh} 代表泥岩密度；AC 代表声波时差；f 是函数；S_w 代表含水饱和度；R_w 代表地层水电阻率；R_t 代表视电阻率；S_g 代表含气饱和度；a、b、m、n 均为可选经验参数。

可以看出，公式中都有许多可调节参数，在不同区域使用公式时，根据实际数据各自进行参数调节。以上公式是一种经验公式。

通过对公式对比分析发现，不同参数其计算公式之间完全互不相关，没有任何联系。但是地下岩石本来是一个整体，每一个点都该有确定的泥质含量、孔隙度及饱和度。虽然我们目前不清楚他们之间的数学表达式，但是这三个参数之间确实存在一定联系，因此当我们用三个互不相干的公式求取三个参数时，其结果就会与实际情况存在误差。因此我们提出相容性岩石物理建模方法。

2 相容性岩石物理方法及应用

相容性岩石物理建模是一种基于岩石物理模型的测井曲线反演横波预测方法，该方法以岩石物理模型为基础，以测井纵波速度（如有横波速度则包括横波速度）和密度为约束条件，以常规测井计算得到的泥质含量、孔隙度和饱和度为初始模型，反演泥质含量、孔隙度和饱和度。在反演出泥质含量、孔隙度和饱和度的基础上再进行岩石物理建模，实现流体替换和横波预测。

相容性岩石物理建模流程如图 1 所示，首先输入各种测井数据，包括纵波和横波速度、密度、泥质含量及电阻率数据；其次通过密度和泥质含量共同计算孔隙度，通过电阻率计算含水饱和度；有了以上参数后，首先计算岩石物理模拟过程中不受计算方法影响，可以精确计算的密度曲线，将计算所得密度与实测密度进行对比。如果误差不够小，首先调整测井计算中可靠性较差的孔隙度曲线和含水饱和度曲线，直到计算的密度与实测密度曲线误差足够小；然后计算纵波和横波速度，将计算所得纵波和横波速度与实测纵波和横波速度进行对比分析；如果误差还不够小，则调整优化可靠性较好的泥质含量曲线，然后重新执行密度速度计算过程；当泥质含量已经达到边界条件时，如果计算的纵波和横波速度与实测纵波和横波速度之间的误差依然不够小，则优化孔隙结构参数，然后重新执行计算纵波和横波速度及密度的过程，直到计算的纵波和横波速度与实测纵波和横波速度误差足够小，则完成了整个相容性岩石物理建模过程。

将相容性岩石物理模拟技术应用于丰谷地区，对相容性岩石物理模拟技术进行进一步分析。

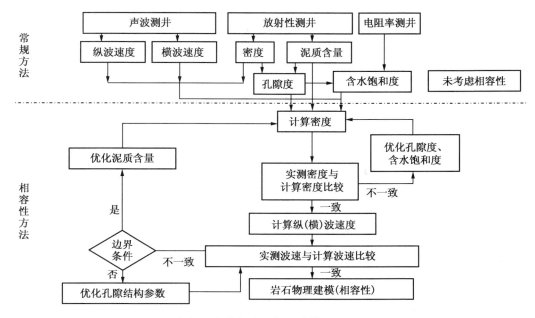

常规方法

相容性方法

图 1　相容性岩石物理建模流程图

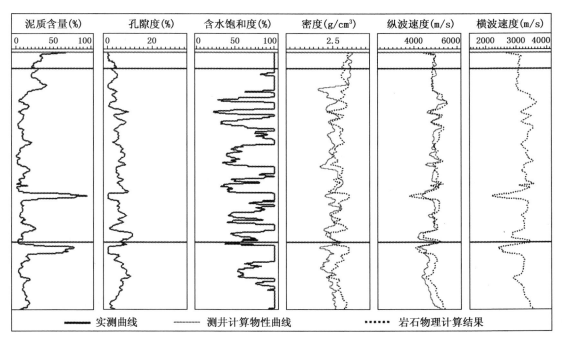

图 2　丰谷 22 井岩石物理建模成果

　　首先以丰谷 22 井为例，图 2 为丰谷 22 井常规岩石物理建模成果图。图 2 中采用测井解释的储层物性参数，对不同矿物模量、不同建模计算公式进行了对比分析，得到与实测曲线误差最小的计算曲线。由图 2 可以看出，计算的密度及纵波速度与实测数据之间存在较大误差，纵波速度误差大于密度，因此认为由此计算得到的横波速度的可靠性低。由此认定现有的储层物性参数（泥质含量、孔隙度、含水饱和度）对于实际地下情况的反应并不精确。如果以现有储层物性参数为基础，进行后续的正反演计算、储层预测，流体预测就不可能取得较高的精度。因此，我们采用了相容性岩石物理模拟。图3是丰谷22井相容性岩石物理建模成果，由图3可以看出，在相容性岩石物理建模中，对储层物性参数进行了调整，得到了与实测纵波和横波速度、密度匹配的计算数据。

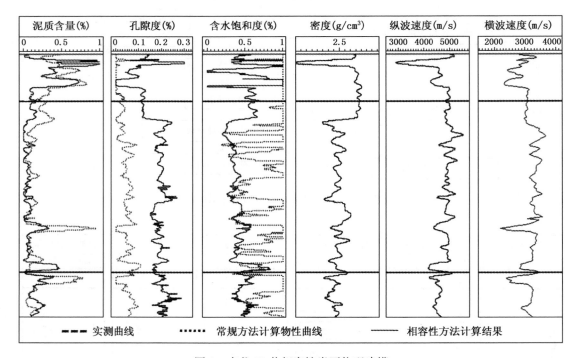

图3 丰谷22井相容性岩石物理建模

我们对两种岩石物理模拟的结果进行进一步检验，对模拟结果数据进行合成记录分析，图4为两种岩石物理模拟结果井震对比图（叠后）。通过对比分析发现，相容性岩石物理建模计算数据合成记录与地震相关系数较高——达到0.84，相对于常规岩石物理模拟结果井震标定效果得到了提高。图5为两种岩石物理模拟结果井震对比图（叠前），由图5可以看出相关系数也有一定提高。由此说明，相容性岩石物理模拟计算纵波和横波速度、密度均较常规计算结果更可靠。

将上述两种模拟方法进行精细对比可以发现，当测井解释储层物性数据精度较高时，常规岩石物理模拟与实测结果相关性较好；但是当储层物性数据精度低时，常规岩石物理模拟结果与实测结果误差较大，这时相容性岩石物理建模的效果更明显。

相容性岩石物理模拟算法的基础是实测纵波和横波速度及密度，在实测曲线井震标定相关系数较低的情况下，相容性岩石物理模拟的应用就需要对地震及测井数据做进一步分析。当地震数据可靠性较高时，不适用相容性岩石物理；当测井数据可靠性较高时，相容性岩石物理建模技术可以取得较好效果。

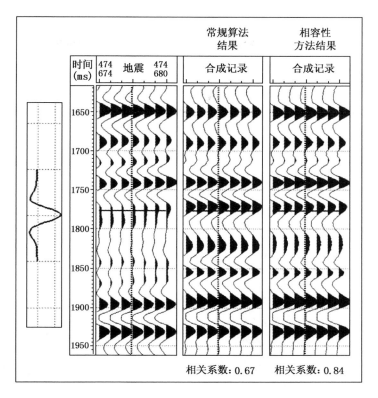

图4 相容性方法与常规方法计算结果井震标定图（叠后）

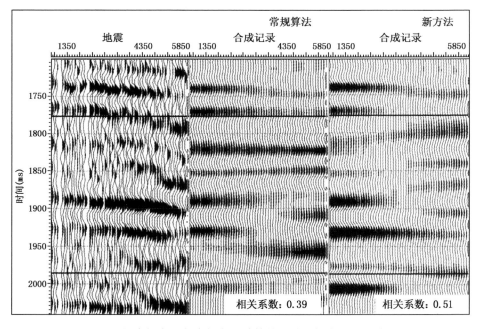

图5 相容性方法与常规方法计算结果井震标定图（叠前）

3 结论及展望

在对实际区域测井及地震数据进行充分分析后，当测井得到的弹性数据可靠性较高时，可以利用相容性岩石物理建模。利用该方法反演得到的泥质含量、孔隙度、饱和度，与计算或实测的纵波和横波速度及密度互相关联，反应了岩石内部各属性的统一性。这有利于提高井震相关性；有利于提高地震正、反演模拟和岩性及流体预测精度；有利于分析纵波和横波速度与地震波频散及能量衰减关系。

上述算法是建立在砂泥岩储层基础上的，希望能将该算法应用于其他岩性。为此，对火成岩与碳酸盐岩储层进行分析。通过纵波速度及密度交会图（图6），利用二元法分析，将岩石近似为一种硬矿物和一种软矿物的组合。速度密度上限为硬矿物，速度密度下限为软矿物。通过实测速度密度计算硬矿物及软矿物含量，然后再利用相容性岩石物理方法进行计算。但是该算法有一个难点会给模拟结果带来影响，该难点就是火成岩储层与碳酸盐岩储层孔隙结构比砂泥岩储层复杂。

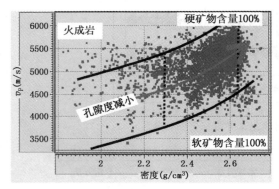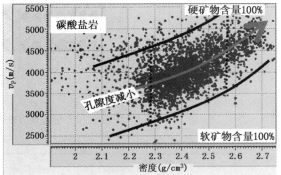

图6 火成岩与碳酸盐岩纵波速度及密度交会图

参 考 文 献

[1] 郭栋，王兴谋等. 横波速度计算方法与应用. 油气地球物理，2007，5（3）：538－542

[2] 张德梅，王桂萍等. 测井曲线组合法求取泥质含量探讨. 测井技术，2011，35（04）：358－363

[3] 陈颙，黄庭芳. 岩石物理学. 北京：北京大学出版社，2000

[4] 张璐. 基于岩石物理的储层预测方法应用研究. 中国石油大学（华东），2009

[5] Xu S，White R E. A new velocity model for clay－sand mixtures. Geophysical Prospecting，1995，43（1）：687－71

中低孔渗储层孔隙结构特征及影响因素分析

陈 冬

中国石油化工股份有限公司石油勘探开发研究院，中国石化多波地震技术重点实验室

摘 要 红车断裂带侏罗系和三叠系为中低孔隙度、低渗透率储层，孔隙结构复杂。在分析储层孔隙结构特征的基础上，依据宏观孔渗特征、微观的压汞和毛管压力分析及岩石力学参数分析，把储层细分为三类不同的喉道类型，并据此对储层进行评价和划分。本文探讨了影响中低孔渗储层孔隙结构的多种因素，认为研究区内沉积作用对其起主要的影响，成岩作用次之，构造作用的影响较小。

关键词 低孔隙度 低渗透率 孔隙结构 影响因素 红车断裂带

1 引 言

准噶尔盆地西北缘红车断裂带的储集岩主要分布层位有石炭系、二叠系、三叠系、侏罗系、白垩系。三叠系和侏罗系岩性以灰色砂砾岩、泥质粉砂岩为主，局部地区发育细砂岩等，沉积相主要是辫状河沉积，局部为冲积扇沉积。砂岩碎屑成分以岩屑为主，其平均含量占 37.53%，石英平均含量 15.79%，长石平均含量 10.31%；胶结物主要是方解石和菱铁矿；杂基主要为高岭石和泥质。储层孔隙度平均为 14.8%，渗透率对数平均值为 $0.65 \times 10^{-3} \mu m^2$，渗透率较低，喉道较小，砂体连通性和物性差。孔隙类型多，孔隙结构复杂，但原生孔隙比较少，说明成岩作用较强。储层整体非均质性强。复杂的储层孔隙结构特征和成藏要素匹配，造成具有不同孔隙结构特征的储层物性存在明显差异。因此，分析储层孔隙结构特征及储层的影响因素，将有助于油藏系统分析与评价。

2 储层主要孔隙类型

储层内发育的孔隙类型直接决定着储层的孔隙大小及有效性、喉道宽窄及其渗透能力、孔隙与喉道的配位特征等，了解储层中发育的孔隙类型，有利于更准确地评价储层的有效性。

常用压汞、扫描电镜、铸体薄片、相渗透率分析测试技术和数学地质统计手段等反映储层孔隙结构特征及其控制因素。通过观察铸体薄片，红车地区孔隙类型按成因可以分为原生孔隙、次生孔隙两大类（表1）。通过对收集的孔隙类型资料的统计，三叠系和侏罗系的孔隙类型很多，具有多样性的特点（图1、图2）。

从图1可以看出，粒内溶孔和粒间溶孔是三叠系主要的孔隙类型，说明三叠系溶蚀作用比较严重，当然这也与三叠系颗粒碎屑成分和碳酸盐岩胶结物成分有很大关系。同时微裂缝也占有一定的比例，可见构造运动对三叠系储集条件的改善也有影响。图2说明侏罗系次生

溶蚀孔隙比较发育，其中粒内溶孔所占比例为 28％，粒间溶孔约占 12％，同时原生孔隙也占有一定的比例，主要是原生粒间孔和胶结剩余粒间孔，可见侏罗系的成岩作用较下伏地层弱。

表 1　红车地区 T、J 储层孔隙分类表

孔隙类型		成　因	发育情况
原生孔隙	粒间孔隙	颗粒之间未被胶结物充填而形成	J 储层发育
	胶结剩余粒间孔	原始粒间孔隙经胶结后剩余	J 储层较常见
	杂基内微孔隙	杂基颗粒之间相互支撑形成的孔隙	少见
次生孔隙	溶蚀作用 粒间溶孔	粒间杂基或胶结物溶蚀形成	发育
	粒内溶孔	颗粒内部分溶蚀形成	发育
	铸模孔	整个颗粒溶蚀形成	少见
	超大孔	整个颗粒及胶结物或杂基都被溶蚀形成	未见
	构造作用 （微）裂缝	构造作用形成	T 储层较发育

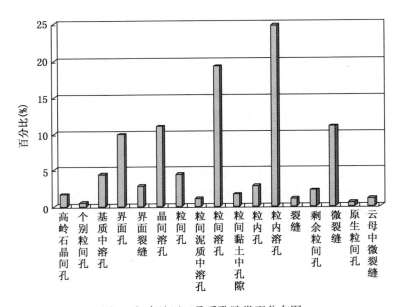

图 1　红车地区三叠系孔隙类型分布图

3　储层物性分析

这里对红车地区三叠系和侏罗系不同层段储层的岩心开展物性研究。孔隙度以 20％、10％作为高孔、中孔、低孔储层分类界线，渗透率以 10mD、100mD、500mD 作为极低渗、低渗、中渗、高渗储层分类界线。通过直方图分析，红车地区三叠系和侏罗系主要是中孔极低渗、低渗储层。三叠系白碱滩组主要为中孔极低渗储层，但三工河组低渗储层比八道湾组多，而八道湾组极低渗储层、中高渗储层比例稍大，齐古组渗透性比较好，且以高

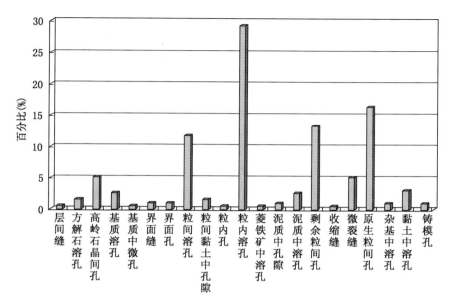

图 2 红车地区侏罗系孔隙类型分布图

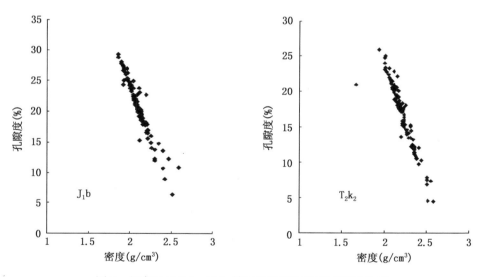

图 3 红车地区 J_1b、T_2k_2 储层孔隙度与密度之间的关系

孔为主。

从图 3 中可以看出，红车地区储层孔隙度与岩石密度之间有较好的线性负相关关系，但不同层组之间二者相关程度存在着显著的差异。侏罗系和三叠系的储集岩，其孔隙度与密度之间的相关关系很好，可达 0.9 以上，而下部的石炭系和二叠系储层，二者的关系较差。这暗示着在运用测井或地震资料进行储层孔隙度反演过程中，较新的侏罗系和三叠系有望取得良好的效果。

4 中低孔渗储层孔隙结构特征分析

孔隙结构系指岩石所具有的孔隙和喉道的几何形状、大小、分布及其相互连通关系。本次研究主要根据压汞、铸体薄片及铸体薄片图像分析等资料来定量表征研究层段的储层孔隙结构特征。

通过对压汞和铸体薄片资料的分析统计，可得出红车地区三叠系和侏罗系孔喉特征参数（表2）。由表2分析可知，本区储层的排驱压力 p_d 分布范围为 $0.01 \sim 8.83\text{MPa}$，平均为 0.92MPa，反映排驱压力偏大，孔喉分布偏细。本区储层的中值毛管压力分布范围为 $0.07 \sim 19.8\text{MPa}$，平均为 5.36MPa，反映中值毛管压力偏大，孔喉分布偏细。本区储层的最小非饱和孔隙体积百分数变化范围为 $1.33\% \sim 96.92\%$，平均为 26.59%，表示无效孔隙所占的体积多，储集性能差。本区储层中平均孔喉半径 r_m 从 $0.06\mu m$ 到 $53.72\mu m$ 不等，平均为 $2.21\mu m$，整体偏小。本区孔喉相对分选系数 S_p 分布范围主要介于 $0.26 \sim 4.56$ 之间，表明孔喉分选偏差，部分中等。

表2 红车地区 T—J 储层孔喉特征参数统计表

孔隙结构特征参数		变化范围	平均值
排驱压力（MPa）		8.83～0.01	0.92
中值毛管压力（MPa）		19.8～0.07	5.36
最小非饱和孔隙体积百分数（%）		96.92～1.33	26.59
平均孔喉半径（μm）		53.72～0.06	2.21
变异系数		0.57～0.02	0.21
相对分选系数		4.56～0.26	2.19
不同大小喉道所控制孔隙体积百分数	小于 $0.1\mu m$	99.38～8.52	53.55
	$0.1～1\mu m$	75.06～0.62	26.97
	$1～10\mu m$	63.64～0	16.39
	大于 $10\mu m$	41.44～0	3.09
平均孔隙直径（μm）		435～11	62.57
面孔率（%）		16.85～0.0005	2.49
均质系数		0.79～0.27	0.48
最大配位数		4～1	1.87
孔喉比		12.86～0.62	2.22

根据上述各项参数，结合岩石学特征等综合分析，研究层段储层喉道整体细小，渗透能力较差。因此，目的储层喉道大小整体上属中细孔径、微细喉，并根据表2统计结果将本区储层喉道细分为以下三种类型：

（1）Ⅰ类喉道，此类毛管压力曲线排驱压力较低，小于 0.25MPa，最大进汞饱和度大于 90%，中值毛管压力小于 0.3MPa，喉道半径分布峰值为 $2.5 \sim 7.35\mu m$（图4a，b），表明喉道相对较大，分选较好，为中喉，为较好的储集岩。

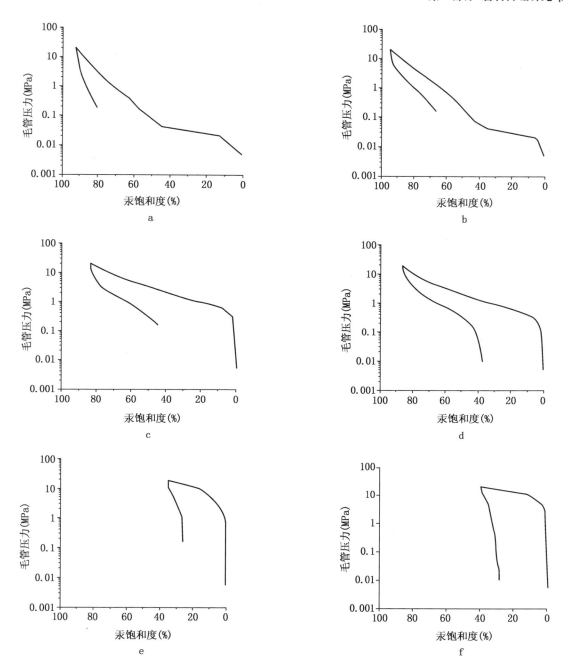

图 4　红车地区 T 与 J 不同类型吼道和储层典型毛管压力曲线

a—Ⅰ类（A 井，2781.25m）；b—Ⅰ类（B 井，1526.38m）；c—Ⅱ类（C 井，3490.91m）；d—Ⅱ类（D 井，1977.4m）；

e—Ⅲ类（E 井，2835.1m）；f—Ⅲ类（F 井，1157.8m）

（2）Ⅱ类喉道，此类毛管压力曲线排驱压力介于 0.25～1.0MPa 之间，最大进汞饱和度大于 70%，中值毛管压力介于 0.3～4.4MPa 之间，喉道半径峰值为 0.25～1.6μm（图 4c，d），表明喉道细小，分选较差，为较差储集岩。

（3）Ⅲ类喉道，此类毛管压力曲线近直立（图 4e，f），排驱压力一般大于 1.0MPa，最大进汞饱和度一般小于 70%，中值毛管压力普遍大于 7.0MPa，喉道半径峰值介于 0.063～0.25μm 间，表明孔喉特别微细，分选极差，为微细喉，储集性能差，为非有效储油层，但可作为有效的储气层。

5 孔隙结构的主要影响因素

储层孔隙结构及其所决定的储层物性的变化过程受控于原始沉积条件和沉积后所受到的成岩变化过程，只是二者的控制强度有所差异而已。此外，沉积作用对储层孔隙结构的控制形式、哪些成岩作用对储层物性起关键改善作用，在不同类型的储层中是存在显著差异的。归纳起来，储层的孔隙结构受沉积环境、成岩作用、构造作用等诸多因素控制。

研究层段储层主要是在辫状河和冲积扇沉积环境下形成的，总的来说岩石的分选差，成分及结构成熟度低，因此其原始物性和孔隙结构条件差。沉积作用对储集物性的直接控制与储集岩的粒度组成之间有明显的关系。通过对目的层段不同岩性样品孔隙度和渗透率的直方图分析，岩性对储层物性的控制作用十分明显：物性最好的岩性为粗砂岩和中砂岩，其次是砾岩和细砂岩，再就是粉砂岩，这说明物性随着岩性由粗变细，基本呈两头小中间大的特征，高点在中粗砂岩处，向砾岩方向稍有下降，向泥岩方向大幅度下降。由这一现象可知，扇中和辫状河道砂岩是本区最好的储层。此外，压实作用和胶结作用是使原生孔隙丧失的主要原因，而次生孔隙的形成主要是由于溶蚀作用，晚期高岭石充填又导致次生孔隙丧失。由于构造作用使岩石破裂而产生大量裂缝，使储层的孔隙得以沟通，渗透性增强。本研究区三叠纪和侏罗纪构造作用不甚发育，在三叠纪以前则比较发育。因此，构造作用对储层孔隙结构的影响相对较小。

6 结 论

（1）通过宏观的孔渗分析、微观的压汞和毛管压力分析及岩石力学参数分析，认为红车地区侏罗系和三叠系储层为中低孔渗储层。

（2）压汞和铸体薄片分析结果表明，红车地区侏罗系和三叠系储层属中细孔径、微细喉储层，根据不同的孔隙结构特征，可以将其分为三类不同的喉道类型，并据此对储层进行评价和划分。

（3）影响储层孔隙结构最主要的是沉积作用，扇中和辫状河道砂岩是本区最好的储层。其次，影响储层孔隙结构的因素是成岩作用。构造作用对其影响较小。

参 考 文 献

[1] 张小莉，杨懿，刘林玉等. 松辽盆地英台油田中低孔低渗储层孔隙结构特征及含油性. 西安石油大学学报（自然科学版），2007，22（6）：11-13

[2] 裘亦楠，薛叔浩. 油气储层评价技术（修订版）. 北京：石油工业出版社，1997

[3] 王允诚. 油层物理. 北京：石油工业出版社，1993

[4] 蒲秀刚，黄志龙，周建生等. 孔隙结构对碎屑储集岩物性控制作用的定量描述. 西安石油大学学报

（自然科学版），2006，21（2），15－17

［5］Archie G E. The electrical resistivity log as an aid in determining some reservoir characteristics. Trabsactions AIME，1942，146：54－61

［6］汪中浩，章成广，柴春艳等．低渗透储集层类型的测井识别模型．天然气工业，2004，24（9）：36－38

［7］谭廷栋．测井解释发现油气层的典型案例．石油地球物理勘探，1997，23（1）：16－25

［8］刘宝柱，魏志平，唐振兴．大情字井地区低孔、低渗型岩性油藏成因探讨．特种油气藏，2004，11（1）：24－27

第二部分

多分量处理技术

丰谷三维转换波资料处理

谢 飞 张雅勤 魏修成 季玉新 黄中玉

中国石油化工股份有限公司石油勘探开发研究院，中国石化多波地震技术重点实验室

摘 要 结合丰谷三维三分量转换波资料处理，建立了三维转换波资料处理流程，完成了转换波资料处理中的各个重要技术环节：水平分量旋转，转换波静校正，转换波去噪，转换波抽ACP、CCP道集，转换波四参数速度分析及叠加，转换波各向异性叠前时间偏移速度建模，以及转换波各向异性叠前时间偏移。

在转换波静校正方面取得了创新性的成果，提出了基于构造格架控制的转换波静校正技术方法流程，并且取得了较好的实际效果。基于自主研发的 MCS 处理系统的良好交互功能，通过纵波和横波叠加剖面对比解释，获得了精细的纵波和横波速度比值。以四参数速度分析得到的速度场、速度比场，以及各向异性参数场为初始的偏移参数场。通过采用 GPU/CPU 协同并行技术，极大地提高了计算效率，从而使得实时的偏移速度交互分析成为可能，最终完成了转换波资料的各向异性叠前时间偏移速度建模的工作，获得了高质量的转换波各向异性叠前时间偏移剖面。

关键词 转换波地震资料处理 转换波静校正 叠前时间偏移 四参数速度分析 GPU/CPU 协同并行 各向异性叠前时间偏移

1 引 言

针对丰谷三维三分量地震资料，以深层须家河组为主要目的层，兼顾沙溪庙组和马鞍塘组、雷口坡组，开展精细高保真、高信噪比、较高分辨率的纵波及转换波各向同性及各向异性叠前（后）时间偏移处理。三维三分量地震资料处理的关键在于转换波资料的处理。针对丰谷地区近地表复杂多变，采用有效的转换波静校正技术，合理地解决转换波静校正问题；在系统地分析有效波、干扰波特征基础上，选择针对性的去噪技术，在不同域应用组合去噪方法，有效压制噪声，提高地震记录的信噪比，为后续的速度分析、叠前偏移等工作奠定了较好的基础。由于转换波呈现上、下行波射线路径不对称的特点，常规的共中心点道集技术不能用于转换波处理，因此在资料处理中分别运用转换波渐近转换点道集（ACP）和共转换点道集（CCP）技术进行叠加处理。在转换波速度分析的过程中采用先进的各向异性转换波四参数速度分析方法，得到了有效的转换波叠加速度场、速度比参数场、各向异性参数场等；同时利用 CPU/GPU 协同并行技术，利用 VTI 介质转换波叠前时间偏移方法进行转换波叠前时间偏移速度的实时分析工作，得到可靠的偏移参数场和高品质的偏移剖面。

2 转换波资料处理

结合转换波资料处理的特点，充分考虑转换波资料处理的各个重点的技术环节，建立了完整的转换波处理流程，如图 1 所示。其中转换波的静校正问题是处理的重点和难点。通过

研究现有的多种转换波静校正方法，结合本地区构造趋势平缓的特点，采用了构造格架控制的转换波静校正方法，取得了较好的效果，图2给出了本文方法和速度比扫描方法静校正后叠加剖面的对比。可清晰地看到，本文方法得到的叠加剖面同相轴更为光滑，信噪比更高。

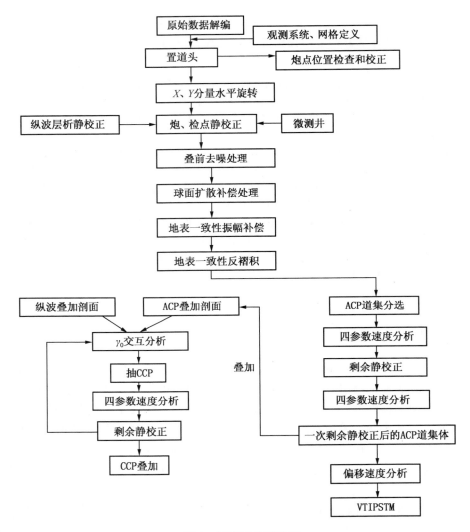

图 1　转换波处理流程

2.1　水平分量旋转定向

　　野外多分量数据采集时，由于采取三维观测方式，炮点、检波点和测线的关系形成如图3所示的几何关系。令检波器中 X 分量的方向沿测线方向（Inline），Y 分量的方向垂直测线方向（Crossline）。炮点—检波点连线的方向为径向（R）分量的方向，垂直 R 分量方向的是切向（T）分量。R 分量与 X 分量的夹角为 θ，这个夹角在三维观测方式中可以从观测系统中确定。

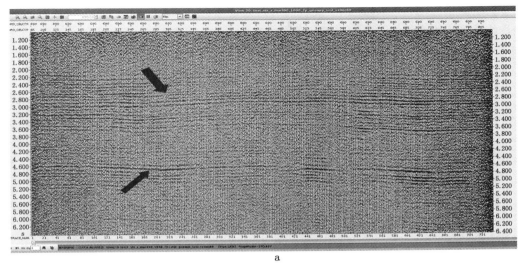

图 2 静校正叠加剖面对比

a—Gamma 扫描静校叠加；b—构造格架控制静校叠加

令沿测线方向（Inline）的 X 分量作为 x_X，垂直测线方向（Crossline）的 Y 分量作为 y_Y，旋转后的径向（R）分量和切向（T）分量分别记作 x_R 和 y_T，则坐标旋转公式为

$$\begin{bmatrix} x_R \\ y_T \end{bmatrix} = \begin{pmatrix} \cos\theta & \sin\theta \\ -\sin\theta & \cos\theta \end{pmatrix} \begin{bmatrix} x_X \\ y_Y \end{bmatrix} \qquad (1)$$

根据以上原理将野外采集的 X 分量（平行于 Inline 方向）和 Y 分量（垂直于 Inline 方向）旋转到处理坐标的 R 分量（源检方向）和 T 分

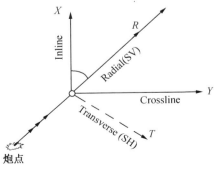

图 3 三维炮—检和测线关系示意图

量（垂直于源检方向）。图 4 给出了旋转前后道集的对比，实施旋转处理后实现将主要的波场能量旋转到 R 分量上。

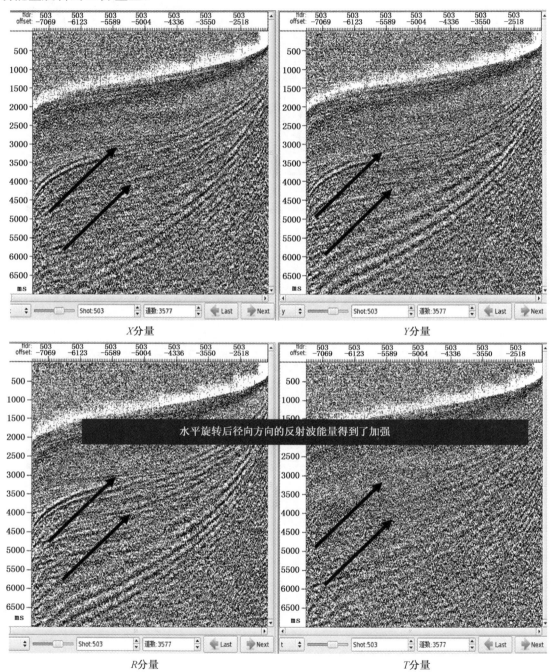

图 4　水平分量旋转

2. 2　转换波抽道集、速度分析、叠加

在水平均匀各向同性介质条件下，P 波从震源点 S 出发，到达反射界面，除了产生反射

和透射 P 波外，在适当的入射角进入界面后，还会由 P 波转换成较强的反射和透射 S 波。反射 S 波上行至接收点 R，形成转换波勘探的射线路径。在转换波道集中分为渐近线的 ACP 道集和随深度变化的共转换点道集。

计算转换波渐进线 ACP 道集的基本公式为

$$ACP = \frac{X}{1 + \gamma} \tag{2}$$

式中，X 为炮检距；γ 为速度比；$\gamma = v_S / v_P$。当速度比取 2 时，即形成 $X/3$ 的 ACP 渐近线道集。

在水平均匀各向同性介质的条件下，转换点位置 x_p 的一般表达式示为

$$x_p \sqrt{h^2 + (x - x_p)^2} - \gamma(x - x_p)\sqrt{h^2 + x_p^2} = 0 \tag{3}$$

对于（3）式，用数值解方法求解 x_p，可以得精度较高的解。对不同时间求解，得到一道记录在不同时间上的所有转换点位置。

在实际的 CCP 抽道集中，我们采用如图 5 所示的工作流程。首先利用 ACP 道集速度分析方法得到转换波的叠加剖面，然后利用交互的层位对比技术在纵波和转换波的叠加剖面上求出随时、空变化的纵波和横波速度比值。利用前面得到的时变、空变的速度比值，在时空域滑动时窗内抽取 CCP 道集，在 CCP 道集上进行速度分析形成新的叠加剖面和更新速度比，迭代几次后实现准确的 CCP 抽道集（图 6）。

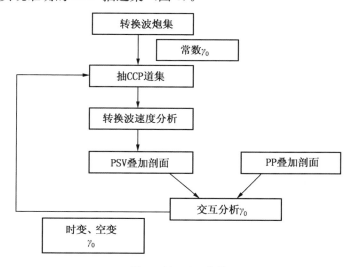

图 5 抽 CCP 流程

转换波比纵波具有更明显的各向异性特征，为了校平中大偏移距（偏移距/深度大于 2.0）转换波同相轴，我们采用四参数的 VTI 各向异性的速度分析技术，将速度分析和剩余静校正迭代进行，以获得最佳的叠前时间偏移初始速度。

转换波各向异性旅行时公式可表示为

$$t_c^2 = t_{c0}^2 + \frac{x^2}{v_{c2}^2} + \frac{A_4 x^4}{1 + A_5 x^2} \tag{4}$$

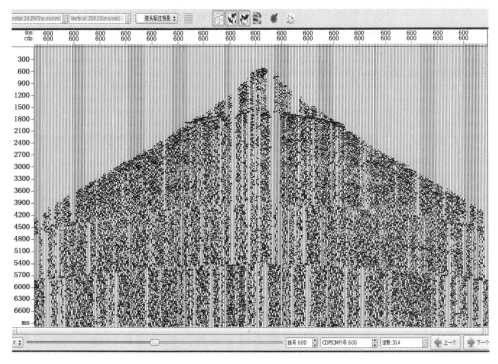

图 6　CCP 道集

式中，t_c 为偏移距 x 处的转换波各向异性双程旅行时；t_{c0} 为转换波垂直双程旅行时；v_{c2} 为转换波速度。

$$A_4 = \frac{(\gamma_0 \gamma_{\text{eff}} - 1)^2 + 8(1 + \gamma_0)\chi_{\text{eff}}}{4t_{c0}^2 v_{c2}^2 \gamma_0 (1 + \gamma_{\text{eff}})^2} \tag{5}$$

$$A_5 = \frac{A_4 v_{c0}^2 (1 + \gamma_0)\gamma_{\text{eff}} \left[(\gamma_0 - 1)\gamma_{\text{eff}}^2 + 2\chi_{\text{eff}} \right]}{(\gamma_0 - 1)\gamma_{\text{eff}}^2 (1 - \gamma_0 \gamma_{\text{eff}}) - 2(1 + \gamma_0)\gamma_{\text{eff}}\chi_{\text{eff}}} \tag{6}$$

式中，γ_0 为垂直速度比，由纵波和横波垂直速度比估计模块提供；γ_{eff} 为有效速度比，通过动校正道集计算的相似谱进行估算；χ_{eff} 为转换波各向异性参数，通过各向异性参数曲线分析拾取。

图 7 给出了 ACP 道集四参数速度分析的参数谱；图 8 给出了 CCP 道集叠加与 ACP 道集叠加的对比。在 4200ms 和 4800ms 以下能看到 CCP 叠加剖面明显信噪比更高。

2.3　转换波偏移速度分析、叠前时间偏移

利用 VTI 介质转换波叠前时间偏移方法对全区的转换波资料进行偏移，偏移算法的核心为走时的计算，公式给出了走时计算的具体方法。为了加快处理速度，采用 GPU 技术对偏移算法进行了加速。

$$t_c = \sqrt{\left(\frac{t_{c0}}{1 + \gamma_0} \right)^2 + \frac{(x + h)^2}{v_{\text{Pn}}^2} - 2\eta_{\text{eff}}\Delta t_{\text{P}}^2} + \sqrt{\left(\frac{\gamma_0 t_{c0}}{1 + \gamma_0} \right)^2 + \frac{(x - h)^2}{v_{\text{Sn}}^2} + 2\zeta_{\text{eff}}\Delta t_{\text{S}}^2} \tag{7}$$

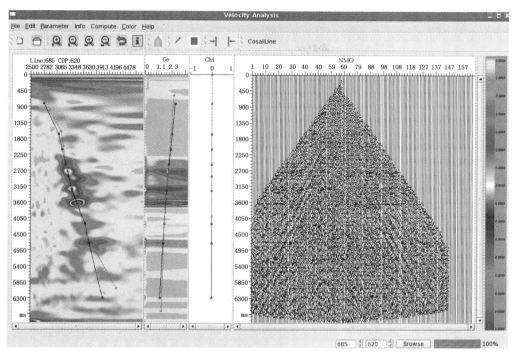

图 7　转换波各向异性速度分析

参见附图 1

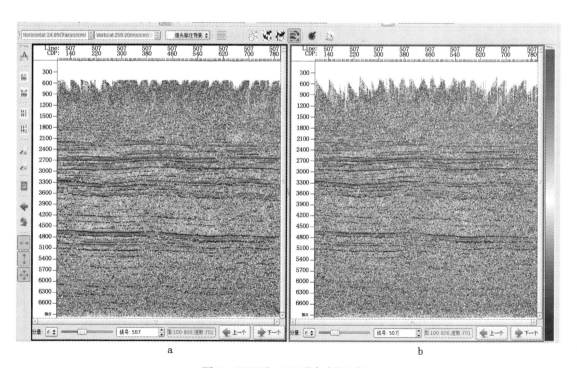

a　　　　　　　　　　　　　　　　　　b

图 8　CCP 及 ACP 叠加剖面对比

a—CCP 叠加剖面；b—ACP 叠加剖面。参见附图 2

在 $x/z \leqslant 2.5$ 条件下，公式具有较好的精度。式中，v_{Pn}、v_{Sn} 分别是纵波、横波的叠加速度；η_{eff}、ζ_{eff} 分别为纵波、横波各向异性参数；Δt_P、Δt_S 分别是纵波、横波的层间时差。

$$\left. \begin{aligned} \Delta t_P^2 &= \frac{(x+h)^4}{v_{Pn}^2 \left[t_{c0}^2 v_{Pn}^2 /(1+\gamma_0)^2 + (1+2\eta_{eff})(x+h)^2 \right]} \\ \Delta t_S^2 &= \frac{(x-h)^4}{v_{Sn}^2 \left[t_{c0}^2 v_{Sn}^2 \gamma_0 /(1+\gamma_0)^2 + (x-h)^2 \right]} \end{aligned} \right\} \tag{8}$$

图 9 为偏移速度分析界面，通过 GPU 加速后可实现实时的交互偏移速度分析，图 10 为偏移后的转换波与纵波拉伸后的偏移剖面对比，主要的目的层位一一对应，成像清晰。

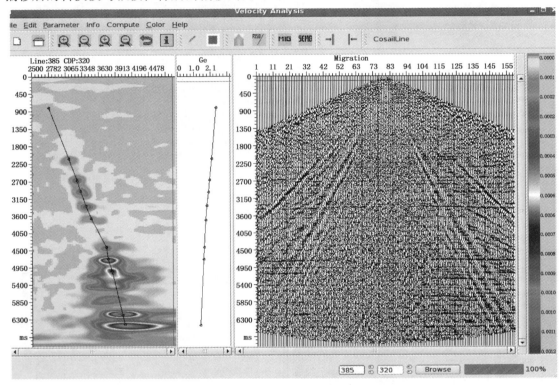

图 9 转换波各向异性偏移速度分析

参见附图 3

3 结论和认识

转换波静校正是多波资料处理的难点和关键，针对该区存在的严重的静校正问题，在获得精确的 Z 分量静校正的基础上，研发了一套基于构造格架控制的转换波静校正方法，取得了很好的效果，成像质量大有改善。采用先进的各向异性四参数速度分析方法，建立了该区准确的叠加速度场；应用 CPU＋GPU 协同并行的各向异性偏移速度分析技术，极大地提高了计算效率，使得实时的人机交互的偏移速度拾取得以实现，并建立了各向异性偏移速度模型，获得了高品质的 R 分量叠前时间偏移成像。

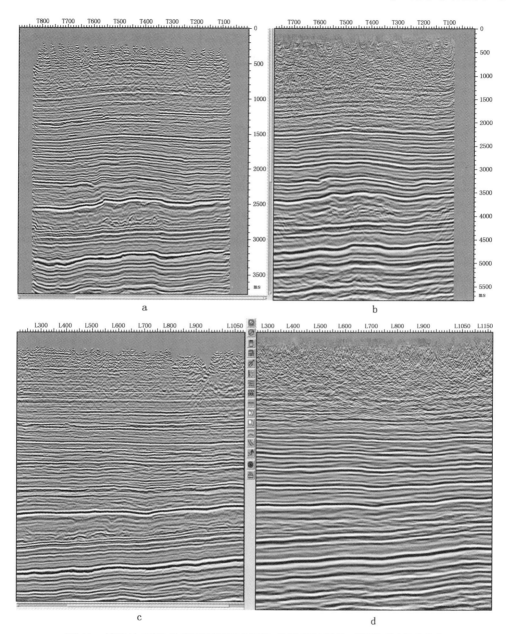

图 10　转换波 VTI 叠前时间偏移剖面与拉伸纵波叠前时间偏移剖面对比

a—拉伸纵波偏移剖面 Inline；b—转换波偏移剖面 Inline；c—拉伸纵波
偏移剖面 Crossline；d—转换波偏移剖面 Crossline

参 考 文 献

［1］黄中玉. 多分量勘探技术. 勘探地球物理进展，2003，26（6）：413-422

［2］Li X Y and Yuan J X. Converted-wave moveout and conversion-point equations in layered VTI media：
theory and applications. Applied Geophysics，2003，54：297-318

［3］许士勇，马在田. 快速有效的转换波共转换点叠加技术. 地球物理学报，2002，45（4）：557-568

［4］陈雨红，魏修成．垂向非均匀介质中转换波转换点计算．地球物理学报，2007，50（4）：278－285

［5］刘洋，魏修成．转换波三参数速度分析及动校正方法．石油地球物理勘探，2005，40（5）：504－509

［6］Thomsen L. Converted－wave reflection seismology over inhomogeneous，anisotropic media. Geophysics，1999；64（3）：678－690

［7］张永刚，王赟，王妙月．目前多分量地震勘探中的几个关键问题．地球物理学报，2004，47（1）：151－155

［8］刘洋，魏修成．三维转换波地震资料处理方法．天然气工业，2006，26（12）：72－74

［9］毕丽飞，王延光等．三维转换波资料处理方法研究及应用．油气地球物理，2007，5（2）：28－32

［10］刘洋，魏修成．转换波地震勘探的若干问题与对策．勘探地球物理进展，2003；26（4）：247－251

［11］Gaiser J E. Applications for vector coordinate systems of 3－D converted－wave data. The Leading Edge，1999，18（11）：1290－1300

［12］黄中玉，朱海龙．转换波叠前偏移技术新进展．勘探地球物理进展，2003，26（3）：167－172

［13］Dai H and Li X Y. 2006. The effects of migration velocity errors on traveltime accuracy in prestack Kirchhoff time migration and the image of PS converted waves. Geophysics，71（2），873－883

［14］Dai H and Li X Y. Velocity model updating in prestack Kirchhoff time migration for PS converted wave：Part I Theory. Geophysical Prospecting，2007，55，525－547

［15］马昭军，唐建明．叠前时间偏移技术在三维转换波资料处理中的应用．石油物探，2007，46（2）：174－180

PS 波叠前时间偏移技术在 XQ 地区的应用

马昭军

中国石化西南油气分公司勘探开发研究院物探三所，中国石化多波地震技术重点实验

摘　要　由于转换波本身的特殊性，叠前时间偏移成为转换波成像的最重要技术之一。这里，研究了转换波叠前时间偏移基本原理，分析了不同情况下的偏移处理所需要的参数。依据川西 XQ 地区三维转换波资料，测试了偏移孔径、倾角等参数。在纵波处理成果基础上，通过更新转换波速度和 γ_0 值，实现了转换波叠前时间偏移速度场建模。这些技术已用于实际三维转换波资料工业化生产处理，并得到了较好的处理成果。

关键词　转换波　叠前时间偏移　各向异性

1 引　言

为解决川西致密裂缝性气藏勘探的储层识别、裂缝预测、含气性识别和气水分布规律等问题，结合宽方位纵波和转换波勘探二者优势的宽方位三维三分量地震勘探方法是最好的解决方案。根据多波资料提取岩性和裂缝信息并预测油气的核心问题是首先要解决好多波资料的处理问题。由于本身的特殊性，转换波需要采取不同于纵波的处理技术，其中最关键的就是转换波的叠前偏移成像技术。这里，以川西 XQ 宽方位三维三分量资料为基础，深入地开发和研究了叠前时间偏移关键处理技术，并将该技术用于实际资料工业化生产处理。

2 VTI 介质各向异性速度分析技术

目前，转换波速度分析的方程主要有以下几种：双曲线方程、Thomsen 方程、DSR（双平方根）方程和 LXY 方程。它们的动校精度各不相同：双曲线方程对转换波动校精度最差，只能在 $x/z < 0.5$（偏移距/深度）校平同相轴，根本不能适应实际转换波勘探的要求；Thomsen 方程在 $x/z < 0$ 基本能够校平同相轴，只能处理小偏移距转换波资料；DSR 方程和 LXY 方程校平同相轴的精度最高，在 $x/z < 2.2$ 时，都能满足动校要求，基本能解决实际勘探中的大偏移距问题。由此，速度分析需采用 DSR 或者 LXY 方程。在速度分析时，DSR 方程需要已知纵波速度和各向异性参数，不利于速度场的估计，而 LXY 方程直接从转换波数据上分析，更容易得到叠加速度场。在偏移距 x 处，LXY 的转换波旅行时方程可以写成

$$t_c^2 = t_{c0}^2 + \frac{x^2}{v_{c2}^2} + \frac{A_4 x^4}{1 + A_5 x^2}$$

$$A_4 = -\frac{(\gamma_0 \gamma_{\mathrm{eff}} - 1)^2 + 8(1 + \gamma_0)\chi_{\mathrm{eff}}}{4 t_{c0}^2 v_{c2}^4 \gamma_0 (1 + \gamma_{\mathrm{eff}})^2} \tag{1}$$

$$A_5 = \frac{A_4 v_{c2}^2 (1 + \gamma_0) \gamma_{\mathrm{eff}} \left[(\gamma_0 - 1)\gamma_{\mathrm{eff}} + 2\chi_{\mathrm{eff}} \right]}{(\gamma_0 - 1)\gamma_{\mathrm{eff}}^2 (1 - \gamma_0 \gamma_{\mathrm{eff}}) - 2(1 + \gamma_0)\gamma_{\mathrm{eff}} \chi_{\mathrm{eff}}}$$

式中：t_c 为转换波在偏移距 x 处双程旅行时；t_{c0} 为转换波零偏移距双程旅行时；v_{c2} 为转换波叠加速度；γ_0 为垂直速度比，$\gamma_0 = v_{P0}/v_{S0}$；γ_{eff} 为有效速度比，$\gamma_{eff} = \gamma_2^2/\gamma_0$；$\gamma_2$ 为叠加速度比，$\gamma_2 = v_{P2}/v_{S2}$；v_{P0}、v_{S0} 分别为纵波、横波垂直速度；v_{P2}、v_{S2} 分别为纵波、横波叠加速度；χ_{eff} 为转换波各向异性参数。在进行转换波速度分析时，初始 γ_0 是从纵波和横波初叠剖面的同一层位对比解释得到。研究表明，γ_0 的变化对转换波动校正效果不敏感，允许有 10％～15％的误差。利用方程（1）可以不依赖于纵波速度场而直接进行转换波速度分析的参数（v_{c2}、γ_{eff} 和 χ_{eff}）估计。

3 转换波叠前时间偏移基本原理

由于下行纵波与上行横波的路径不对称性，纵波的共中心点（CMP）在转换波处理时成为共转换点（CCP），而 CCP 选排一直是转换波资料处理中的一个难点。此前，大多数转换波资料处理的成像流程是抽取 CCP 道集、速度分析、正常时差校正（NMO）、倾角时差校正（DMO）、叠加和叠后偏移等。该处理流程在处理三维转换波资料时存在一些缺点，如在 CCP 面元化时不易找准转换点的真实位置，DMO 方法不能适应层间速度剧烈变化和大陡倾角情况等。采用转换波克希霍夫叠前时间偏移技术能克服这些缺点，因为它不需要抽取 CCP 道集和进行 DMO，能实现全空间三维转换波资料的准确成像。

与常规纵波叠前时间偏移所需要的参数不一样，纵波叠前时间偏移只需要纵波速度和纵波各向异性系数两个参数，而精确的转换波叠前时间偏移需要纵波速度、纵波各向异性系数、横波速度和横波各向异性系数四个参数。LXY 将转换波旅行时方程进行了重新等效和修正，使它脱离于纵波而直接进行转换波处理，采用该种方式也需要四个参数：转换波速度、纵波和横波垂直速度比、纵波和横波等效速度比和转换波各向异性系数。

转换波双平方根旅行时方程为

$$t_c = \sqrt{t_{P0}^2 + \frac{x_P^2}{v_{P2}^2} - 2\eta_{eff}\Delta t_P^2} + \sqrt{t_{S0}^2 + \frac{x_S^2}{v_{S2}^2} + 2\zeta_{eff}\Delta t_S^2} \tag{2}$$

式中，t_{P0} 为纵波的垂直旅行时；t_{S0} 为横波的垂直旅行时；x_P 和 x_S 为 P 波和 S 波射线的水平距离，满足 $x_P = x - x_S$；η_{eff} 是纵波各向异性参数；ζ_{eff} 是横波各向异性参数；Δt_P^2 和 Δt_S^2 满足

$$\Delta t_P^2 = \frac{x_P^4}{v_{P2}^2[t_{P0}^2 v_{P2}^2 + (1 + 2\eta_{eff})x_P^2]}, \quad \Delta t_S^2 = \frac{x_S^2}{v_{S2}^2(t_{S0}^2 v_{S2}^2 + x_S^2)} \tag{3}$$

根据 Alkhalifah 方程

$$v_{P0} = v_{P2}\sqrt{1 + 2\eta_{eff}}, \quad v_{S0} = v_{S2}\sqrt{1 + 2\zeta_{eff}} \tag{4}$$

在处理转换波时，纵波速度和各向异性参数已知，如果从转换波叠前时间偏移速度分析中得到 γ_0 和 v_{S2} 值，就可以从方程（4）得到 ζ_{eff}。由此，基于纵波偏移速度和各向异性参数的转换波速度分析只需要分析 γ_0 和 v_{S2} 两个参数值。但在实际资料处理时，一般不从转换波数据分析得到 v_{S2}，而是直接分析 v_{c2}，然后通过转换得到 v_{S2}。

根据 LXY 方程，ξ_{eff}、η_{eff}、γ_0、γ_{eff} 和 χ_{eff} 满足以下关系

$$\xi_{\text{eff}} = (\gamma_2^4 / \gamma_0^4) \eta_{\text{eff}}, \quad \chi_{\text{eff}} = \gamma_0 \gamma_{\text{eff}} \eta_{\text{eff}} - \xi_{\text{eff}} \tag{5}$$

由于在实际地震数据中很难得到 v_{S2}，转换波各向异性速度分析时又没有得到 v_{P2}，它们通过以下方程用 v_{c2} 来转化，即

$$v_{P2}^2 = \gamma_{\text{eff}}(1 + \gamma_0)v_{c2}^2 / (1 + \gamma_{\text{eff}}) \tag{6}$$

$$v_{S2}^2 = (1 + \gamma_0)v_{c2}^2 / [\gamma_0(1 + \gamma_{\text{eff}})] \tag{7}$$

从方程（2）、（5）、（6）和（7）可以看出，LXY 方程转换波叠前时间偏移处理脱离于纵波处理，只需要 v_{c2}、γ_0、γ_{eff} 和 χ_{eff} 四个参数。

通过对转换波叠前时间偏移理论和技术的研究，形成了基于估计不同参数的两种转换波叠前时间偏移速度分析方法，一种是估计 v_{c2}、γ_0、γ_{eff} 和 χ_{eff} 参数，另一种是估计 v_{P2}、η_{eff}、v_{c2} 和 γ_0 参数。在确定了上述参数后，方程可用于实现叠前克希霍夫时间偏移，与各向同性偏移一样，各向异性叠前克希霍夫时间偏移也是振幅沿着散射曲线累加求和的过程，即

$$I(\tau, y, h) = \int W(\tau, y, b, h)\frac{\partial}{\partial t} u(\tau = t_c, y, b, h) db \tag{8}$$

式中，I 是成像点；t（$= t_c$）是时间深度；W 是加权函数；b 是从中点到成像点的偏移距；u 是输入数据。三维 PKTM（叠前克希霍夫时间偏移）能够使三维转换波在空间任何位置准确成像。

4 转换波叠前时间偏移参数测试

4.1 偏移孔径和倾角参数测试

偏移孔径是影响偏移效果的一个较大的因素。偏移孔径是指偏移时每个点所包含的数据范围，确定地震道对偏移的贡献，它与在目标深度下成像的最大倾角有关，并指定旅行时间计算的区域。一般来说，为保证偏移成像的质量，要求偏移孔径内必须含有来自地下反射点的主体能量部分。成像目标越深，倾角越大，偏移孔径就越大。偏移孔径取得过小，小倾角构造成像效果好，信噪比较高，但陡倾角构造成像效果较差；偏移孔径取得过大，陡倾角构造成像效果较好，但同相轴的连续性变差，分辨率和信噪比降低，同时还会耗费大量计算机资源。

和偏移孔径一样，倾角也是确定绕射画弧的范围。由于在浅层信号的拉伸畸变较为严重，浅层应该多切除，相对于浅层深层信号的拉伸畸变较弱，深层的应该少切除，这样也可以保证深层的倾角成像。在大多数情况下，孔径和倾角参数二者只能选择其一，因为二者都是确定绕射画弧的范围。但在本次处理中，可以同时确定孔径和倾角参数，孔径不能时变，倾角可时变。图 1 是 PS 波的时变孔径的偏移脉冲响应。

4.2 反假频参数测试

假频会使偏移成像效果变差，产生假频的原因有两个，一个是偏移前数据的高频噪声（也包括空间假频）经偏移放大后产生；另一个是偏移算法本身产生的偏移假频。在偏移前

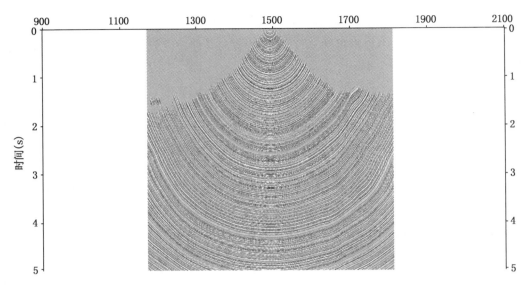

图1　PS波时变孔径偏移脉冲响应

要做反假频处理，通常使用频率限制方法和反假频滤波。处理过程中，对参与偏移的地震数据进行频率限制也是为了保证资料的信噪比，避免高频噪声参与其中，从而产生更多的噪声。由于Kirchhoff积分是对数据沿椭球面输出求和运算，所以过多高频噪声参与运算后会产生假频现象。由于转换波处理时的频率较低，信号的高截频率较低，一般不会出现频率的假频。Kirchhoff积分法偏移是对时间和空间上的离散的输入数据进行求和运算。由于沿着偏移求和轨迹的倾角对于给定道距和频率成分比值过分陡，使输入数据在空间采用不足，从而产生空间假频。防止空间假频的通常做法就是采用小的面元尺寸进行偏移处理。但是，小的面元尺寸会消耗大量的时间，同时会带来更多的偏移噪声。通过对不同面元尺寸的对比分析，最终确定面元大小为25m×25m。

4.3　不同时间域 γ_0 成像影响测试

在VTI介质中，转换波各向异性旅行时需要由四个参数来描述，即纵波速度、纵波各向异性系数、横波速度和横波各向异性系数。通过一系列的近似，可以由纵波速度、纵波各向异性系数、转换波速度和 γ_0 四个参数来描述。这四个参数的时间域分别是：纵波速度是纵波时间域，纵波各向异性系数是纵波时间域，转换波速度是转换波时间域，γ_0 是纵波时间域。在进行转换波处理时，纵波速度、纵波各向异性系数为不变参数，只需要估计转换波速度和 γ_0 值。而在进行转换波处理时，转换波速度肯定从转换波数据上得到，必然是转换波时间刻度。理论上 γ_0 值是通过匹配相同层位的纵波和横波剖面，通过时间压缩得到，它是纵波时间域，那么能不能通过转换波上得到 γ_0 值呢？从转换波上得到的 γ_0 值对转换波的成像结果的影响如何呢？通过对其成像结果比较，发现两种方法都能使转换波成像。理论上，γ_0 值应该是纵波时间域，由于在实际处理过程中，γ_0 值需要人工解释对应的层位，一般情况下，较难完全对应正确，所以导致成像效果不是很好。而在转换波时间域处理时，我们可以初始给定一个很大范围的 γ_0 值进行偏移扫描，然后逐渐缩小范围，最终可以得到最

精确的成像 γ_0 值。本次处理，就采用该种方法进行叠前时间偏移 γ_0 的估计，得到最后的偏移 γ_0 值。

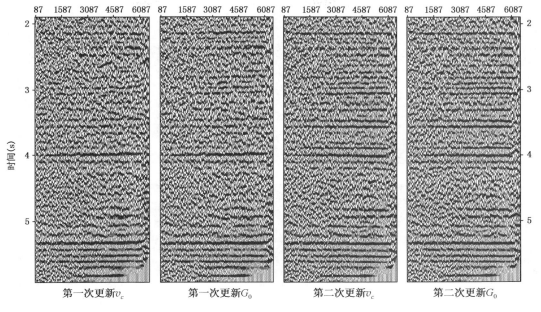

第一次更新v_c　　第一次更新G_0　　第二次更新v_c　　第二次更新G_0

图 2　不同参数更新的 CRP 道集比较

5　转换波叠前时间偏移速度建模及处理

在叠前时间偏移中需要纵波速度、纵波各向异性系数、转换波速度和纵波和横波垂直速度比四个参数。在转换波叠前时间偏移处理时，已得到纵波的叠前时间偏移速度和各向异性参数，因此，转换波叠前时间偏移建模只是针对转换波速度及其纵波和横波速度比（γ_0）。此次处理，在转换波百分比速度和速度比叠前时间偏移道集上完成。即当进行速度解释时，速度比不变；当进行速度比解释时，速度不变。图 2 是不同参数更新的 CRP 道集比较，从图中可以看出通过参数的更新道集的成像质量明显变好。

图 3 是 XQ 地区转换波叠前时间偏移处理的最终速度场，包括纵波偏移速度、纵波各向异性参数、转换波偏移速度、转换波各向异性参数。

图 4 是孝泉 3D3C 纵波和转换波 R 分量全方位叠前时间偏移叠加剖面，从图中可以看出，转换波成像效果较好，纵波和横波基本层位一致。

6　结论及建议

（1）转换波叠前时间偏移能使转换波精确成像，是转换波时间域处理的必要技术。

（2）最好进行叠前时间偏移参数测试。偏移参数更新，才能得到更好的偏移效果。

（3）预处理是偏移的基础。在叠前时间偏移前一定要做好预处理工作，比如数据净化、静校正、地表一致性补偿等。

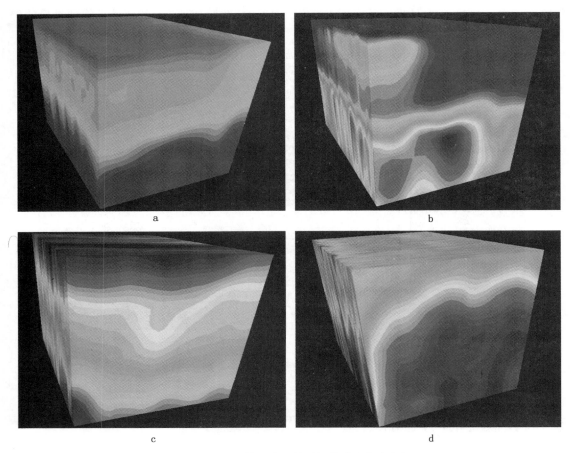

图 3　XQ 地区转换波叠前时间偏移最终速度场

a—纵波速度；b—纵波各向异性参数；c—转换波速度；d—转换波各向异性参数。参见附图 4

图 4　纵波（a）和转换波（b）叠前时间偏移数据体

（4）保幅处理和保幅偏移也是非常关键的，它们直接影响后期的横波分裂分析的效果。

参 考 文 献

［1］唐建明，马昭军．宽方位三维三分量地震资料采集观测系统设计——以新场气田三维三分量勘探为例．石油物探，2007，46（3）：310－318

［2］刘洋，魏修成．三维转换波地震资料处理方法．天然气工业，2006，26（12）：72－74

［3］马昭军，唐建明，吕其彪．三维转换波处理技术在新场地区的应用．新疆石油地质，2008，29（3）：376－379

［4］Armin W Schafter. The determination of converted－wave static using P refractions together with SV refractions. CREWS Research Report，1993，13：51－66

［5］马昭军，唐建明，刘连升．一种切实可行的转换波静校正方法．新疆石油地质，2007，28（5）：644－646

［6］马昭军，唐建明．基于构造时间控制的 P－SV 波静校正方法．物探化探计算技术，2008，30（5）：373－376

［7］马昭军，唐建明，康利等．转换波综合静校正技术在新场地区的应用．物探化探计算技术，2009，31（6）：548－552

［8］Li Xiang－Yang, Yuan Jianxin and Richard Bale. Converted－wave traveltime equations in layered anisotropic media：an overview. EAGE 65th Conference & Exhibition，2003：2－5

［9］马昭军，唐建明，蒋能春．四参数速度分析在新场转换波处理中的应用．物探化探计算技术，2008，30（4）：267－272

［10］马昭军，唐建明．叠前时间偏移技术在三维转换波资料处理中的应用．石油物探，2007，46（2）：174－180

分频视速度扫描法曲线型干扰
滤波方法研究及应用

王金龙

中国石化西南油气分公司勘探开发研究院物探三所，中国石化多波地震技术重点实验

摘　要　在三维三分量地震勘探中，线性干扰由近排列端向远排列端逐渐过渡为曲线型。针对此类干扰噪声，常规去线性干扰方法有所局限。本文在总结国内线性干扰剔除方法的基础上，将视速度扫描法改进为时窗内少数几道叠加，以应对视速度不断改变的远排列处由直线转为曲线型的线性干扰，同时加上优势频带限制，剔除这种噪声取得了较好的效果。

关键词　视速度扫描　分频　时空域　滤波　三维三分量

1　引　言

地震勘探中去除线性干扰方法种类繁多，但归纳起来主要为四种：$f-k$ 变换、$\tau-p$ 变换、奇异值分解法和视速度扫描滤波。$f-k$ 变换和 $\tau-p$ 变换将时空域数据变换到其他域中处理，均属于二维变换滤波。$f-k$ 滤波[1,2]是消除低速干扰的一种有效手段，但混波作用较严重，且只适用于地层倾角较缓的地区[3]。相较于 $f-k$ 滤波，$\tau-p$ 变换[3~5]适用于陡倾角地层复杂地区的去噪[3]。然而，二维变换滤波具有共同的缺点：在将干扰区域充零的过程中，必将引入新的噪声[1]。奇异值分解方法[6,7]和视速度扫描去噪方法[8,9]都在时空域去噪，加上各自的噪声判断准则后都能在最大限度不伤害有效信号的同时提高去噪效率。然而，由于奇异值分解方法用到协方差矩阵运算较为耗时，综合考虑，视速度扫描方法去噪无疑具有更大的优势。

2　方法原理

甘其刚等[8]（2004）提出了分频视速度扫描法去线性干扰，取得了较好的效果。但是该方法是逐点计算，沿一条同相轴在整个剖面仅考虑一个速度，显然不适合三维复杂情况下的干扰处理。此外，该方法还要求干扰同相轴在整个剖面能量一致，这就要求前置处理中补偿出合适的能量，但这样就不利于保持振幅特征。针对这种复杂情况，我们尝试引入时间窗口和空间多道处理。

原始单炮记录中，线性干扰在少数几道上具有最为明显的相关性，即使是在三维单炮记录中变为复杂的曲线型，相关性在少数几道上依然十分明显。利用视速度扫描，将各视速度方向的少数几道做叠加求和，再沿时间窗口内求和。举例：视速度扫描范围为 v_1 到 v_2；时

窗长度为 TL，中心点为 i_0，半宽度为 $m = (TL-1)/2$；叠加道数为 ST，中心道为 j_0，半宽度为 $n = (ST-1)/2$，则中心点、中心道的叠加振幅值为

$$g(t_{i_0}, x_{j_0}, v_k) = \sum_{i=i_0-m}^{i_0+m} \sum_{j=j_0-n}^{j_0+n} u(t_i, x_j, v_k) \tag{1}$$

$$i_0 = 1, 2, \cdots, M \quad j_0 = 1, 2, \cdots, N$$

$$v_k = v_1 + k\Delta v \tag{2}$$

$$k = 1, 2, \cdots, K$$

式中，$u(t_i, x_j, v_k)$ 表示采样值；$g(t_{i_0}, x_{j_0}, v_k)$ 表示求取的和值；M 表示时间采样点数；N 表示地震记录道数；v_k 为扫描视速度；Δv 为扫描速度增量；K 为视速度扫描个数。

通过地震剖面可以给定一个干扰视速度的阀值，叠加值最大值对应的视速度若超过该阀值即判定为存在线性干扰，且该方向为线性干扰的视速度方向。由于相关干扰波形在空间上的短时连续性的特点，在该方向可以利用中值求取噪声的估值。这样逐道、逐时窗计算，可以完成整个剖面的噪声估计。最后将估算的噪声从地震剖面上减去，就得到了滤波后的有效信号。视速度扫描法方法原理如图 1 所示。

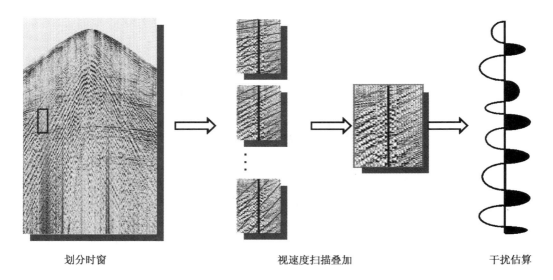

划分时窗　　　　　　　视速度扫描叠加　　　　　　　干扰估算

图 1　视速度扫描叠加滤波原理
参见附图 5

正如甘其刚等[8]所提到的，除了自动判断线性干扰所在时空位置来在时空域控制滤波区域外，我们还可以限定干扰所在的优势频带，即分频处理。这样对干扰的处理被限定在优势频带的可疑时空位置，在此以外的部分不做任何处理，最大限度地保护了原始振幅信息。

3　处理流程

分频视速度扫描法的处理步骤分为：分频处理、划分时窗、选取叠加道数、视速度扫描、干扰估算、获取信号。

（1）分频处理。分析地震剖面的干扰所在的频谱范围，将地震剖面限制在干扰频带区域，有利于对干扰的识别和对有效波的保护。

（2）划分时窗。在地震剖面上沿地震道由上至下划分时间段，在这些时间段里进行视速度扫描、干扰识别和噪声估算工作。因为在时窗内追踪同相轴，所以时窗大小基本选为干扰的一个波形宽度。

（3）选取叠加道数。除了在时间上划分时窗，选取处理的采样点数，在空间上也要开一个窗口，选取叠加所参与的道数。经过反复试验，叠加道数选为 3～5 道比较合适。

（4）视速度扫描。在时间窗口内从小到大进行视速度扫描，对参与叠加的道的各个视速度方向的振幅叠加求和，再在时窗内求和，求取最大和值所对应的视速度。当该视速度超过了给定阀值时，认为该时窗内存在干扰，等待进行下一步处理，否则不进行处理。

（5）干扰估算。确定干扰视速度方向后，沿该方向将叠加道的振幅提取出来，该振幅包含了所求干扰和其他振幅信息。因为所求干扰为优势振幅，波形稳定，所以对这些振幅求取中值，就获取了干扰的估值。逐时窗，逐道计算直至获取整个剖面的噪声估值。

（6）获取信号。将获取的干扰估值从原始剖面中减去，即获得了信号。

4　实际算例

实际算例选取四川 B 区块的三维三分量数据，该数据未做任何处理。我们特意选取曲线型干扰的单炮记录，以便更能反映我们方法的处理效果。分别利用分频视速度扫描法对 Z 分量和 R 分量进行处理，处理结果展示如图 2 所示。

在图 2 中，从干扰剖面来看，分频视速度扫描法在滤除 Z 分量和 R 分量的复杂曲线型干扰方面具有良好的效果。特别是通过具有明显反射同相轴的 Z 分量来看，滤除干扰后，反射同相轴更加清晰。为了仔细对比对有效波的恢复或者伤害程度，我们将 Z 分量时间剖面长方框所在部分放大，展示在图 3 中。

在图 3 中，对比原始剖面和信号剖面，我们可以看到原始剖面中原本显得杂乱的波组在滤波后的信号剖面中恢复出了清晰的相位一致的同相轴特征（典型如实心箭头所指的道）。并且，仔细对比两剖面中均较明显的有效波振幅形态，我们发现振幅特征基本一致（典型如空心箭头所指的道）。可见，该滤波方法在有效去噪的同时具有很好的保幅性。

此外，由于该算法基于单炮处理，因而可以置于任意处理环节之后，例如 B 区块前期进行极化滤波、去野值和时间振幅补偿之后，我们应用该算法的结果如图 4 所示。

从图 4 中可以看出，经过前置处理的地震数据应用该算法同样可以得到很好的去噪效果。

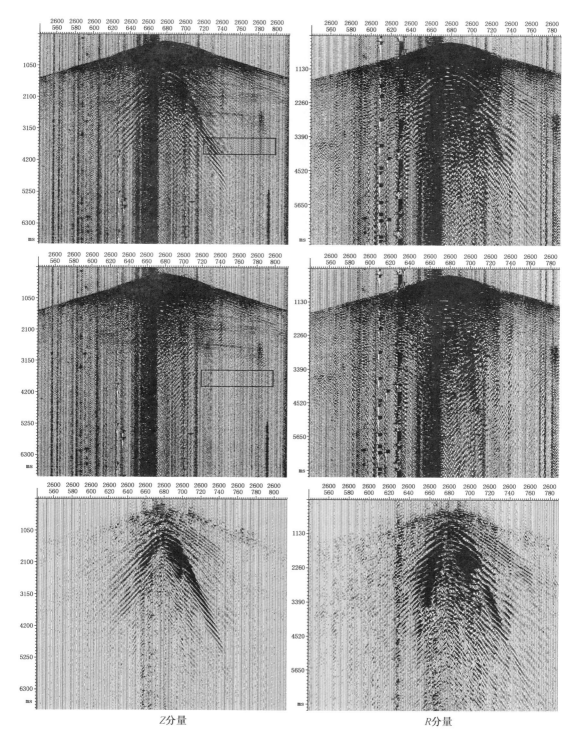

图 2　三维三分量地震数据中的 Z 分量和 R 分量的原始时间剖面

从上到下依次为原始剖面、信号剖面和干扰剖面

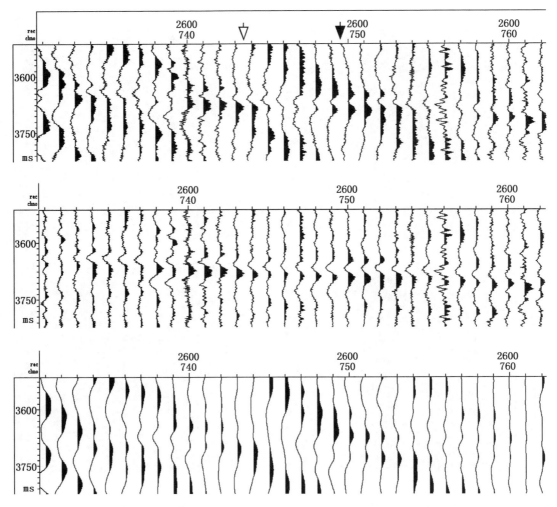

图 3　地震剖面局部放大图，所展示的是图 2 中 Z 分量中长方框部分

从上到下依次为原始剖面、信号剖面和干扰剖面

5　结　　论

从以上分析可以得到：本文所提的滤波方法在处理三维地震勘探中的复杂曲线型干扰方面具有较好的效果，能在去除干扰的同时，最大限度地保持波形特征。又因为该方法可以限定和识别噪声干扰所在频带和所在位置，只针对确定有干扰的频带和位置采取滤波处理，在未确定有干扰的频带和位置部分完全不处理。这样，在整个剖面上实现了有效波振幅特征保护的最大化。此外，从原理以及实际处理效果来看，该滤波方法同样能够适用三分量数据的处理，适用面广泛。最后，本方法基于单炮处理，对前期处理基本没有要求，因此可以安排在各个处理环节的前后，具有简单灵活的特征。

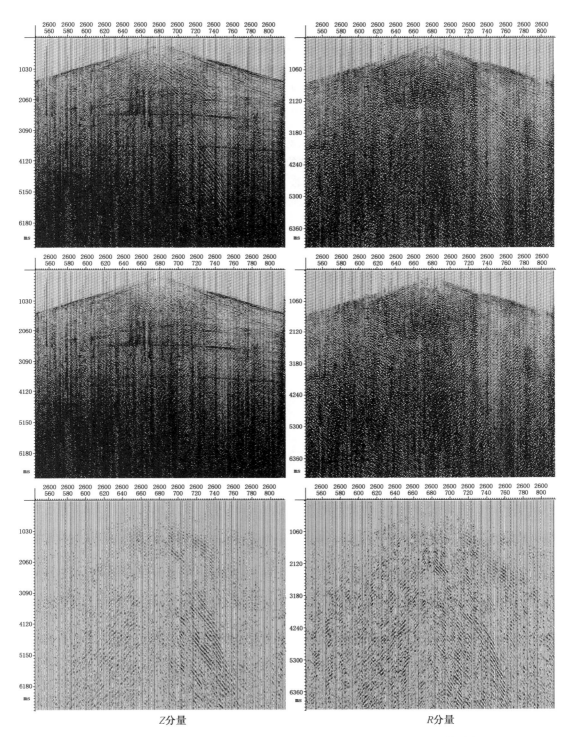

Z分量 R分量

图 4　三维三分量地震数据中的 *Z* 分量和 *R* 分量的做过前置处理的时间剖面
从上到下依次为初始剖面、信号剖面和干扰剖面

参 考 文 献

[1] 齐莉．用均衡干扰能量法压制线性干扰．石油地球物理勘探，1995，30（5）：711－716

[2] 曾波，赵旭．噪声减去法压制线性干扰．油气地球物理，2010，8（3）：12－15

[3] 孙明，林君．$\tau-p$ 变换去除金属矿地震资料中的线性干扰．物探与化探，2001，25（6）：432－435

[4] 张雅纯，唐文榜．$\tau-p$ 变换压制线性干扰的应用．石油物探，1994，33（6）：102－106

[5] 武克奋．双向预测法压制线性干扰波和多次波．石油物探，2005，44（5）：458－460

[6] 苑益军，徐林．叠前线性干扰自动追踪 SVD 压制方法．现代地质，2007，21（4）：733－737

[7] 詹毅，赵波．自动追踪 SVD 压制线性干扰方法的改进．石油地球物理勘探，2008，43（2）：158－167

[8] 甘其刚，彭大钧．叠前时空域线性干扰的衰减及应用．石油物探，2004，43（2）：123－129

[9] 许胜利，林正良，费永涛，刘宇．地震叠前线性干扰自动识别和压制技术．油气地质与采收率，2005，12（2）：36－41

转换波剩余静校正解决方案研究

吴　波　唐建明　徐天吉　王　荐

中国石化西南油气分公司勘探开发研究院物探三所，中国石化多波地震技术重点实验

摘　要　由于转换波初至不易拾取，导致基准面静校正不准确，从而残留下大量的长波长和较大的短波长剩余静校正量，常规纵波剩余静校正方法在处理这两种静校正量时遇到极大的困难。因此，系统分析三种不同特点的剩余静校正方法的理论原理和适用性，为转换波剩余静校正处理提供辅助和参考。首先，详细分析了共检波点叠加道互相关算法、基于纵波构造控制的 CRP 叠加道相关算法和基于纵波和横波 CRP 叠加剖面层位匹配的叠加道相关算法的方法原理，分别从构造项对三种算法的影响、利用纵波 CMP 叠加道构造项控制转换波 ACCP 叠加道的优劣、利用纵波 CRP 叠加道控制转换波 CRP 叠加道的优劣等三方面进行论证，指出三种算法在计算不同地质条件的地震资料时，各自优劣之处。但是，基于纵波和横波 CRP 叠加剖面层位匹配的叠加道相关算法计算更加准确，其适用性更广泛。最后，根据三种算法的适用性结论，提出了转换波剩余静校正解决方案。

关键词　转换波　剩余静校正　构造项　共检波点叠加道互相关算法　基于纵波构造控制的 CRP 叠加道相关算法　纵波和横波 CRP 叠加剖面层位匹配的叠加道相关算法

1　引　言

近年来，随着多波地震勘探大规模的实施，转换波剩余静校正处理遇到了极大的困难。原因在于，转换波特殊的传播特性造成了转换波初至不易拾取，从而在基准面静校正处理中，折射静校正和层析静校正工作无法进行，为后期剩余静校正处理残留下大量的长波长剩余静校正量和较大的短波长剩余静校正量，而常规剩余静校正方法无法正确处理这三种静校正量。

于是，许多专家学者对转换波剩余静校正做了大量的研究，主要针对转换波长波长剩余静校正量和较大的短波长剩余静校正量，提出了新的解决思路。

Peter W. Cary 和 David W. S. Eaton[1]（1993）提出共检波点叠加道相关算法，原理是在共接收点叠加剖面上通过优化模型道与所求道之间的相关值而求取大的短波长接收点静校正量。虽然在反射界面水平的情况下，共检波点叠加道相关算法能够正确求解转换波较大的短波长剩余静校正量，但是，仍然存在两个问题：第一，这种方法不能解决转换波长波长剩余静校正量；第二，大部分地震资料中，地下构造都是起伏不平甚至构造起伏剧烈，因此，这种算法前提假设存在较大的局限性，会影响计算精度。

为了解决这个问题，潘树林[2]（2007）和马昭军、唐建明[3]（2008）提出了通过纵波分量提供构造改正量对共接收点叠加道相关时差进行校正，这种算法利用纵波构造控制转换波构造，能够解决大部分长波长剩余静校正量。但是，这类方法严重依赖对构造形态的估计，当纵波和转换波剖面构造估计不准确时，效果无法保证。

因此，为了减小构造项对算法的牵制，一些专家提出了另一种思路。Richard R. Van

Dok[4]（2000）提出在CRP叠加剖面中，P波拉伸匹配P－SV波，互相关法计算接收点的静校正，该方法通过层位控制，其相关计算结果并不涉及构造项，从而在很大程度上消除了构造项对共检波点叠加道相关算法的影响。

由于以上三种方法在不同地质条件下，计算转换波剩余静校正量各有优劣之处，为此，文章对三种方法的理论基础和适用性进行了系统的分析研究，为解决转换波长波长剩余静校正量和较大的短波长剩余静校正量提供了解决方案。

2 三种方法的理论研究

2.1 共检波点叠加道相关算法理论研究

共检波点叠加道相关认为：在动校正剩余时差和构造影响可以忽略时，应用纵波炮点静校正量后，转换波CRP道集中每道仅体现了对应检波点的静校正量，此时确定一个标准道，与每个CRP叠加道互相关，可求出对应检波点的较大的短波长剩余静校正量。

根据地表一致性假设条件和约束条件，在构造平缓的情况下，检波点和炮点产生的静校正量远大于动校正的剩余时差和横向倾角分量之和，而经过动校正后的反射时间就近似等于构造项与炮点静校正量、检波点静校正量之和。即

$$T \approx G + S + R \tag{1}$$

式中，T 表示经过动校正后的总反射时间；G 代表构造项或地质项；S 表示地表一致性炮点静校正量；R 表示地表一致性接收点静校正量。

由于转换波资料中消除了炮点静校正量，因此，每一道的反射时间为

$$T \approx G + R \tag{2}$$

所以，对每个检波点道集而言，其叠加后的反射时间只体现了构造项和检波点静校正量之和。

在CRP叠加道集中，利用最大能量法的目标函数，通过互相关求取检波点之间的短波长剩余静校正量，即

$$E_i(\tau_p) = \sum_{t=t_1}^{t_2} \left[F(t) + G(t + \tau_p) \right]^2 = \sum_{t=t_1}^{t_2} \left[F^2(t) + G^2(t + \tau_p) \right]$$

$$+ 2\sum_{t=t_1}^{t_2} \left[F(t)G(t + \tau_p) \right] = 常数 + 2 \times 互相关 \tag{3}$$

式中，$G(t)$ 是炮点或检波点有关的道串联起来构成一个长的记录道，对应的部分叠加道串联起来构成一个长的部分叠加道 $F(t)$；τ_p 是炮点或检波点 i 处的时移。

在互相关过程中，主要在于确定标准道 $Pilot(t)$，其计算过程为

$$for j = 1, j \{$$
$$pilot(t) = G_{j-n+1}(t + g_{j-n+1}) + G_{j-n}(t + g_{j-n}) + \cdots G_{j-1}(t + g_{j-1})$$
$$g_j = \max[pilot(t) \otimes G_j(t)] \tag{4}$$
$$\}$$

式中，G 为共检波点叠加道；g 为对应的共检波点叠加道集的静校正量；$Pilot（t）$ 代表了经过静校正后的共检波点叠加道集之和。

2.2 基于纵波构造控制的 CRP 叠加道相关算法理论研究

该算法核心思想是：首先，通过纵波 CMP 叠加剖面与转换波的 ACCP 叠加剖面进行层位匹配，估算出平均的纵波和横波速度比 γ_0 值；然后，追踪纵波层位构造，利用 γ_0 换算出转换波的构造校正量，对转换波进行校正；最后，在转换波的 CRP 叠加道集中，采用上述共检波点叠加道相关算法。算法流程图如图 1 所示。

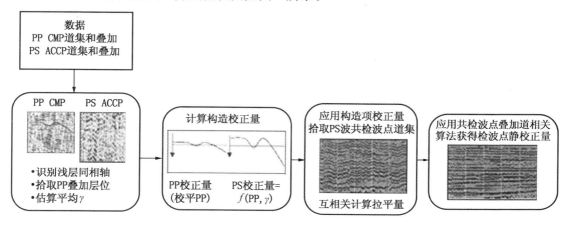

图 1 基于纵波控制的 CRP 叠加道相关算法流程图

2.3 基于纵波和横波 CRP 叠加剖面层位匹配的叠加道相关算法研究

该算法核心思想是：首先，对转换波数据做一个初步的剩余静校正计算，以增强剖面成像质量；然后，匹配纵波和转换波的 CRP 叠加剖面层位，利用估算得到的平均的纵波和横波速度比 γ_0 值，对纵波 CRP 叠加剖面进行拉伸匹配转换波 CRP 叠加剖面；最后，在纵波和转换波的 CRP 叠加剖面中，截取其匹配效果最好的层位时窗数据，进行互相关计算，其计算所得静校正量即为转换波长波长剩余静校正量。算法流程图如图 2 所示。

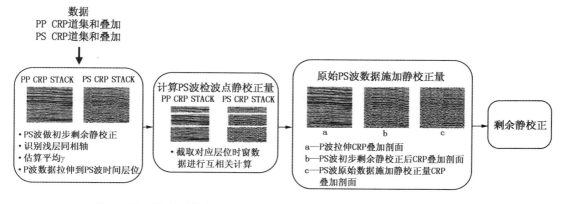

图 2 基于纵波和横波 CRP 叠加剖面层位匹配的叠加道相关算法流程图

3　三种方法的优劣分析

（1）共检波点叠加道互相关算法优点和缺点分析。

①优点：若反射界面为水平，则各检波点叠加道只包含其检波点静校正量。只要给定标准道，则通过各检波点与模型道间的时差，即可求解较大的短波长剩余静校正量。

②缺点：若反射界面不为水平，则各检波点叠加道包含了检波点静校正量和相应道集中每道的构造项差量之和，此时各检波点与标准道之间的相关时差就不仅是短波长剩余静校正量，还包括了构造项，其求解静校正结果是不准确的。

（2）基于纵波构造控制的 CRP 叠加道相关算法优点和缺点分析。

①优点：若纵波和横波速度比 γ_0 值估算较准确，则通过纵波构造项计算求得转换波构造项后，施加到转换波数据中，可以提高转换波 CRP 叠加道的成像质量，并且使 CRP 叠加道中只包含检波点静校正量，此时各检波点与标准道之间的相关时差即为短波长剩余静校正量，并且通过纵波的构造层位与 γ_0 值，能够解决长波长剩余静校正量。

②缺点：第一，由于纵波 CMP 叠加剖面与转换波 ACCP 叠加剖面在空间位置上是点对面积的关系，因此两种叠加剖面反映的构造并不是一一对应，那么用纵波构造项估算转换波构造项必然会出现较大的误差，如图 3 所示。第二，ACCP 数据反映的地下反射点与 CMP 数据在时间上有差别，会增加消除构造项时的误差。

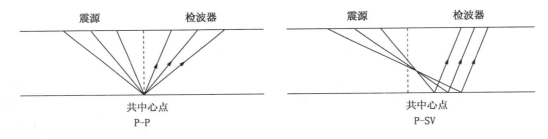

图 3　纵波的 CMP 面元与转换波的 ACCP 面元近乎于点对面积的关系

（3）基于纵波和横波 CRP 叠加剖面层位匹配的叠加道相关算法优劣分析。

①优点：第一，利用纵波和横波的 CRP 叠加剖面进行层位匹配，在空间上反映的地下反射点是面积对面积的关系，两个叠加剖面反映的构造相对一致，构造误差相对较小，如图 4 所示。第二，纵波与转换波的 CRP 叠加道中包含了相同的构造项，因此其相关时差不涉及构造项，进一步减小了由构造误差引起的计算误差。第三，对转换波数据先做剩余静校正的思想，可以提高剖面成像质量，有利于计算长波长剩余静校正量。

②缺点：在短波长剩余静校正量非常大的情况下，常规剩余静校正无法准确成像；在反射层位极为陡峭的情况下，CRP 叠加道将无法成像，如图 5 所示。此时，该算法的应用将会遇到极大的困难。

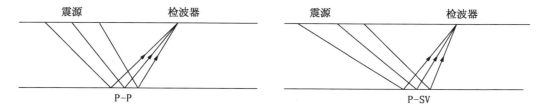

图 4　纵波的 CRP 面元与转换波的 CRP 面元近乎于面积对面积的关系

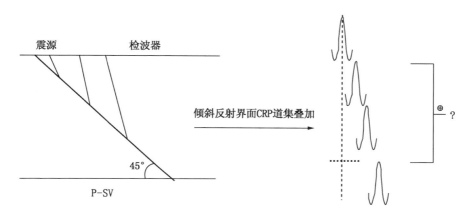

图 5　构造项的累加效果导致 CRP 叠加道无法成像

4　解决方案

通过对三种算法的优劣分析，对转换波剩余静校正提出以下解决方案，如图 6 所示。

（1）反射界面接近于水平，可直接采用共检波点叠加道互相关算法，避免另外两种算法因为估算纵波和横波速度比 γ_0 值或者层位匹配过程中造成误差；

（2）反射界面呈现起伏并不剧烈构造，CRP 叠加道能够成像，采用基于纵波和横波 CRP 叠加剖面层位匹配的叠加道相关算法；

（3）反射界面构造剧烈，采用基于纵波构造控制的 CRP 叠加道相关算法。

5　结　　论

本文对三种用于解决转换波长波长剩余静校正量和较大短波长剩余静校正量的算法进行了详尽分析，分别从构造项对三种算法的影响、利用纵波 CMP 叠加道构造项控制转换波 ACCP 叠加道的优劣、利用纵波 CRP 叠加道控制转换波 CRP 叠加道的优劣等三方面进行了阐述。

三种算法中，基于纵波和横波 CRP 叠加剖面层位匹配的叠加道相关算法目前很少得到应用，但是通过理论分析说明，该方法适用于多种不同地质特点的资料，其算法原理更能满足纵波和横波联合剩余静校正处理，具有远大的应用前景。

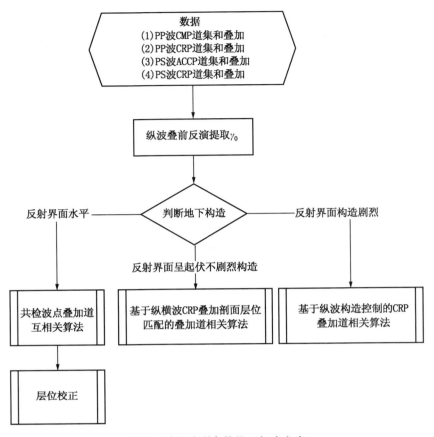

图6 转换波剩余静校正解决方案

参 考 文 献

［1］ Peter W Cary and David W S Eaton. A simple method for resolving large converted－wave（P－SV）stat-ics. Geophisics，1993，58（3）：429－433

［2］ 潘树林，高磊，周熙襄等．一种改进的P－SV转换波静校正方法．石油物探，2007，46（2）：143－146

［3］ 马昭军，唐建明．基于构造时间控制的P－SV波静校正方法．物探化探计算技术，2008，30（5）：373－376

［4］ Richard R Van Dok. Static correction for PS－wave surface seismic surveys. Recent advances in shear wave technology for reservoir characterization：SEG/EAGE Summer Research Workshop，2000

第三部分

多波解释方法

多波 AVO 属性联合反演

陈天胜 魏修成

中国石油化工股份有限公司石油勘探开发研究院，中国石化多波地震技术重点实验室

摘 要 本文对 Zoeppritz 方程进行了重新整理，纵波和转换波 AVO 响应是四个独立比值参数 $r = [\rho_2/\rho_1, \ v_{P2}/v_{P1}, \ v_{S1}/v_{P1}, \ v_{S2}/v_{P1}]$ 的函数。在小角度范围内，纵波和转换波 AVO 响应近似呈线性关系，只有两个独立属性，因此，单独纵波和转换波 AVO 反演不能唯一确定四个比值参数。纵波和转换波联合反演能由两个独立的纵波属性和转换波属性唯一反演四个比值参数。纵波和转换波联合反演目标函数全局收敛性好，不依赖于反演初始值。

关键词 AVO 多波 纵波 转换波 联合反演

1 引 言

AVO 分析和反演技术已经广泛应用于油气预测，纵波和转换波 AVO 联合反演提高了储层预测精度。Smith 和 Gidlow（1987）[1] 提出最小平方加权叠加纵波 AVO 反演方法，Ferguson（1996）[2] 提出最小平方加权叠加转换波 AVO 反演方法，Stewart（1990）[3] 阐述了最小平方加权叠加纵波和转换波 AVO 联合反演方法。上述反演方法都是基于纵波和转换波反射系数一阶近似公式，纵波近似公式在近偏移距（30°入射角）范围内精度较高，信噪比高，而转换波在近偏移距范围内信噪比低。在小角度范围内，纵波和转换波近似呈线性关系，只有两个独立属性。本文对 Zoeppritz 方程进行了重新整理，纵波和转换波 AVO 响应是四个独立比值参数的函数，因此单独纵波和转换波 AVO 反演不能唯一确定四个比值参数，而纵波和转换波联合反演则能唯一确定四个比值参数。

2 多波 AVO 属性联合反演

当地震波倾斜入射速度分界面时，振幅随入射角变化与分界面两侧介质的地震弹性参数有关，Zoeppritz[4] 方程组描述了纵波反射和透射系数、横波反射和透射系数与入射角和界面两侧弹性参数的关系。

定义比值参数 $r = [\rho_2/\rho_1, \ v_{P2}/v_{P1}, \ v_{S1}/v_{P1}, \ v_{S2}/v_{P1}]$，对 Zoeppritz 方程整理得

$$
\begin{bmatrix}
-\sin\theta_1 & -\cos\varphi_1 & \sin\theta_2 & -\cos\varphi_2 \\
\cos\theta_1 & -\sin\varphi_1 & \cos\theta_2 & \sin\varphi_2 \\
\sin2\theta_1 & \dfrac{v_{P1}}{v_{S1}}\cos2\varphi_1 & \dfrac{\rho_2}{\rho_1}\dfrac{v_{P1}}{v_{P2}}\dfrac{v_{S2}^2}{v_{S1}^2}\sin2\theta_2 & -\dfrac{\rho_2}{\rho_1}\dfrac{v_{P1}}{v_{S1}}\dfrac{v_{S2}}{v_{S1}}\cos2\varphi_2 \\
-\cos2\varphi_1 & \dfrac{v_{S1}}{v_{P1}}\sin2\varphi_1 & \dfrac{\rho_2}{\rho_1}\dfrac{v_{P2}}{v_{P1}}\cos2\varphi_2 & \dfrac{\rho_2}{\rho_1}\dfrac{v_{S2}}{v_{P1}}\cos2\varphi_2\sin2\varphi_2
\end{bmatrix}
\begin{bmatrix}
R_{PP} \\
R_{PS} \\
T_{PP} \\
T_{PS}
\end{bmatrix}
=
\begin{bmatrix}
\sin\theta_1 \\
\cos\theta_1 \\
\sin2\theta_1 \\
\cos2\varphi_1
\end{bmatrix}
\quad (1)
$$

式中，v_{P1}，v_{P2}，v_{S1}，v_{S2}，ρ_1，ρ_2 分别是界面两侧纵波速度、横波速度和密度；θ_1 和 θ_2 是纵波入射角和透射角；φ_1，φ_2 是横波反射角和透射角；R_{PP} 和 R_{PS} 是纵波和转换波反射系数；T_{PP} 和 T_{PS} 是纵波和转换波透射系数。

由式（1）可知，纵波和转换波的反射系数是纵波入射角和比值参数的函数。即只要界面两侧介质比值参数 $r=\left[\rho_2/\rho_1,\ v_{P2}/v_{P1},\ v_{S1}/v_{P1},\ v_{S2}/v_{P1}\right]$ 相等，不管弹性参数的绝对值的大小，纵波和转换波的 AVO 响应都是一样的。图 1 是两个弹性参数绝对值不同的模型 $v_{P2}/v_{P1}=1.1$，$v_{S1}/v_{P1}=0.8$，$v_{S2}/v_{P1}=0.5$，但是其比值参数相同（模型 1 的 $v_{P1}=3000\mathrm{m/s}$，模型 2 的 $v_{P1}=4000\mathrm{m/s}$），其纵波和转换波的 AVO 响应完全相同。因此纵波和转换波 AVO 响应是四个独立参数的函数。

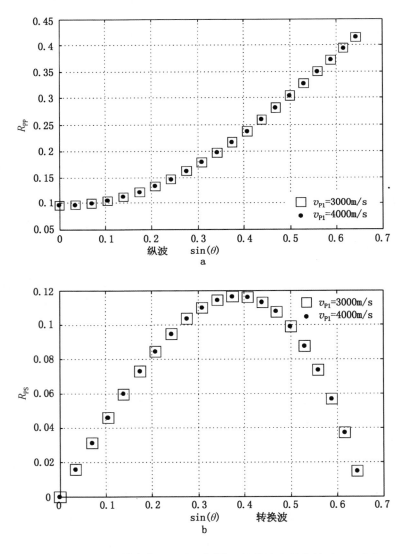

图 1　具有相同比值参数的两个不同模型的纵波和转换波 AVO 响应
$\rho_2/\rho_1=1.1$，$v_{P2}/v_{P1}=1.1$，$v_{S1}/v_{P1}=0.8$，$v_{S2}/v_{P1}=0.5$

Shuey（1985）[5]把纵波反射系数表示成入射角的线性函数，即

$$R_{PP}(\theta) = A + B\sin^2(\theta) \tag{2}$$

其中：

$$A = \frac{1}{2}\left(\frac{\Delta\rho}{\rho} + \frac{\Delta v_P}{v_P}\right), \quad B = \frac{1}{2}\frac{\Delta v_P}{v_P} - 4\frac{v_S^2}{v_P^2}\frac{\Delta v_S}{v_S} - 2\frac{v_S^2}{v_P^2}\frac{\Delta\rho}{\rho}$$

周竹生（1993）[6]把转换波 AVO 转化为入射角的奇次函数，即

$$R_{PS}(\theta) = S\sin\theta + C\sin^3\theta \tag{3}$$

其中：

$$\begin{cases} S = -\frac{1}{2}\left(1 + \frac{2v_S}{v_P}\right)\frac{\Delta\rho}{\rho} - \frac{2v_S}{v_P}\frac{\Delta v_S}{v_S} \\ C = \frac{1}{2}\frac{v_S}{v_P}\left(1 + \frac{3}{2}\frac{v_S}{v_P}\right)\frac{\Delta\rho}{\rho} + 2\frac{v_S}{v_P}\left(1 + \frac{2v_S}{v_P}\right)\frac{\Delta v_S}{v_S} \end{cases}$$

式（3）两边同时除以 sin（θ）得

$$R'_{PS}(\theta) = S' + C'\sin^2\theta \tag{4}$$

由式（2）和式（4）可见，在小角度范围内（30°），纵波和转换波 AVO 方程近似为入射角的线性函数，单独的纵波和转换波只有两个独立属性。即无论选取多少个角度值，只有两个角度值是线性无关的。

两个独立属性只能唯一确定两个独立未知变量，而纵波和转换波 AVO 响应是四个独立比值参数的函数，因此，单独的纵波和转换波 AVO 属性都不能唯一反演四个独立比值参数，联合纵波和转换波四个独立 AVO 属性，可以唯一反演四个比值参数。根据最小二乘原理，建立联合反演目标函数

$$Obj(r) = \sum_{i=1}^{N}\left[R_{PP,i}^M - R_{PP,i}^O\right] + \sum_{i=1}^{K}\left[R_{PS,i}^M - R_{PS,i}^O\right] \tag{5}$$

式中，$R_{PP,i}^M$ 和 $R_{PS,i}^M$ 是模型正演纵波和转换波；$R_{PP,i}^O$ 和 $R_{PS,i}^O$ 是实际纵波和转换波地震数据。

图 2 是纵波（PP）、转换波（PS）和纵波和横波联合（PP + PS）反演目标函数收敛性的比较。纵波和转换波只有两个独立属性，反演目标函数有多个极值，且局部极值未收敛到模型真值。纵波和横波联合反演目标函数只有一个全局最优解，且收敛到模型真值。表 1 和表 2 是不同反演初始值条件下，纵波、转换波与纵波和横波联合反演结果对比。表 1 初始值 [0.9 1.1 0.5 0.8]，接近模型真实值 [0.9345 1.1119 0.5487 0.8448]，纵波和转换波反演结果误差较大，纵波和横波联合反演结果与模型真实值一致。表 2 初始值 [0.5 1.2 1.3 1.5] 与模型真实值偏差较大，纵波和转换波反演结果误差很大，纵波和横波联合反演结果与模型真实值一致。因此纵波和横波联合目标函数能唯一反演四个独立参数，且联合反演目标函数收敛性好，不依赖于初始模型。

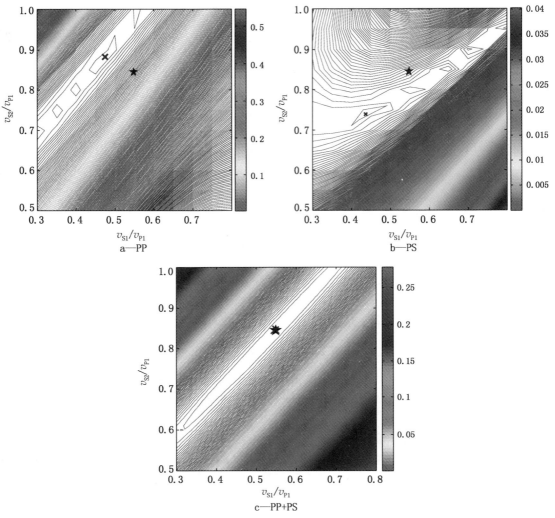

图 2　PP、PS 和 PP + PS 联合反演目标函数收敛性比较

蓝色十字点是最优反演解，黑色五角星是真实解。参见附图 6

表 1　初始值为〔0.9 1.1 0.5 0.8〕，较接近模型真实值

Model	0.9345	1.1119	0.5487	0.8448
PP	0.9455	1.0990	0.4944	0.8094
PS	0.9080	1.1173	0.4997	0.8088
PP + PS	0.9345	1.1119	0.5487	0.8447

表 2　初始值为〔0.5 1.2 1.3 1.5〕，偏离模型真实值较远

Model	0.9345	1.1119	0.5487	0.8448
PP	0.6538	1.5906	0.8636	1.3304
PS	0.4018	0.2421	0.6585	1.2467
PP + PS	0.9345	1.1119	0.5487	0.8447

3 结　　论

在角速度域，纵波和转换波反射系数是纵波入射角和四个比值参数，在近偏移距范围内，纵波和转换波近似为线性函数，单独纵波和转换波 AVO 反演只能得到两个变量，纵波和转换波的四个独立属性联合反演，能唯一反演四个比值参数。

参 考 文 献

[1] Smith G C and Gidlow P M. Weighted stacking for rock property estimation and detection of gas. Geophysical Prospecting，1987，35：993－1014

[2] Ferguson R J and Stewart R R. Shear wave interval velocity from P－S stacking velocities. The CREWES Project Research Report，1996，8，Ch. 22

[3] Stewart R R. Joint P and P－SV Inversion. The CREWES Research Report，1990，3，112－115

[4] Zoeppritz K. On the reflection and penetration of seismic wave through unstable layers：Goettinger Nachr. Erdbebenwellen VIII B，1919，66－84

[5] Shuey R T. A simplification of the Zoeppritz equations. Geophysics，1985，50：609－614

[6] 周竹生 . P－SV 波和 SH 波的 AVO 分析 . 石油地球物理勘探，1993，28（4）：430－438

纵、横波匹配影响因素分析

姜　镭　丁蔚楠　李　珊

中国石化西南油气分公司勘探开发研究院物探三所，中国石化多波地震技术重点实验

摘　要　纵、横波匹配在多波多分量地震处理和解释之间承担着桥梁的作用，纵、横波全面匹配涉及时间、振幅、频率、相位等方面的匹配，而每个参数对匹配的影响是不同的。为更好地定量分析匹配的影响因素，本文从理论模型着手，设计了简单的地震模拟，分别从纵、横波速度比，纵、横波振幅差异，频率差异和相位差异四个方面，分析了纵、横波匹配对各参数的影响。纵、横波速度比直接影响匹配的正确性，是其他匹配的基础；纵、横波振幅能量差异不影响匹配结果；纵、横波频带差异过大会降低匹配效果，应合理处理二者频带；零相位子波是匹配的最佳子波，对地震信号零相位化十分必要。

关键词　纵、横波匹配　影响因素　地震模拟　纵、横波速度比

1　引　言

多波多分量数据能够提供比纵波更多、更有用的信息，多波属性资料能够在精细刻画储层特征方面提供更多有价值的信息，而关键就在于将纵波（PP）和转换横波（PS）精确地匹配（Gaiser，1996）。纵波与转换波之间的差异主要是两个方面造成的，首先，纵波和转换波在地下传播路径不一致、地层对纵波和转换波吸收衰减不同、地下介质各向异性的影响等因素，导致地面接收到的纵波和转换波的运动学和动力学特征大不相同；其次，纵波与转换波的处理流程不同，如：保幅去噪、静校正、偏移成像等方面，导致纵波与转换波之间的运动学和动力学差异增大。目前市面商业软件中对常规纵波与转换波的匹配，一般是采取的同相轴时间匹配方法，频率和相位匹配较少涉及。然而仅时间匹配不能满足纵、横波联合解释和联合反演的要求，因此，匹配是需要全方位的，包括二者时间、振幅、频率和相位。本文通过构建理论模型来分析纵、横波速度比，振幅、频率和相位对纵、横波匹配的影响，并将其应用到川西地区纵、横波匹配处理中。

2　纵、横波速度比对纵、横波匹配的影响

纵、横波时间匹配是纵、横波全面匹配最重要的参数。纵、横波时间匹配采用求取纵、横波速度比 γ_0 来实现。纵波和转换波的时距方程经过适当的假设和相应的简化，可以求出同一地层的纵波与转换波反射同相轴时间比（Li，2003）（以下 PP 指代纵波，PS 指代转换横波），即

$$\frac{t_{PP}}{t_{PS}} = \frac{2}{1 + \dfrac{v_P}{v_S}} = \frac{2}{1 + \gamma_0} \tag{1}$$

求取 γ_0 曲线，可以将整道 PS 波压缩到 PP 波时间域。压缩后的 PS 波，频带变宽，相位也发生一定变化。准确的 γ_0 在同一时间点能正确地将 PS 波同相轴匹配到 PP 波同相轴，若扰动 γ_0，对二者时间匹配差异有多大呢？

针对川西地区的纵、横波匹配时，γ_0 均值大约在 2 左右，为此，我们设计 $\gamma_0 = 2$ 为模型标准，正演子波为零相位雷克子波，测试纵、横波时间匹配变化和频带变化对 γ_0 的影响。图 1 为 PP 波与不同 γ_0 时间匹配后 PS 波联合剖面显示。图 1 中第 1 道为 35Hz 雷克子波正演的 PP 波，第 2 道是以 $\gamma_0 = 2$ 为标准正演的同一地层的 PS 波，第 4 道至第 24 道，是以不同 γ_0 将 PS 波匹配到 PP 波时间域的信号，γ_0 值从 1.0 变化到 3.0，每次递增 0.1。从图 1 中可以看出，在第 14 道，PS 波与 PP 波匹配在同一时刻，且波形宽度最相似，而此时的 γ_0 值刚好是 2.0。而前后几道 γ_0 值微小变化都使 PS 波在 PP 波时间上下剧烈变化，严重影响到 PS 波时间匹配的准确性，如图 2 所示。

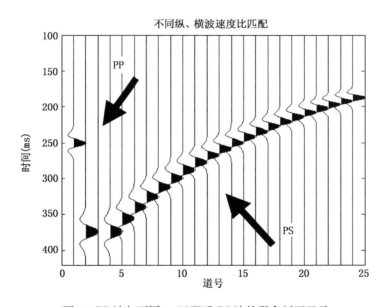

图 1　PP 波与不同 γ_0 匹配后 PS 波的联合剖面显示

不同 γ_0 压缩 PS 波反射时间的同时，对 PS 波形也进行了相应的压缩，波形压缩后，地震信号的频谱发生了相应变化，图 3 对这一问题进行了说明。图 3 是对图 1 所示剖面逐道做频谱分析。随着 γ_0 增加，PS 波总能量保持不变，频带逐渐变宽，主频频率不断增高。在第 14 道，即 $\gamma_0 = 2$ 时，PS 波匹配后的频谱和 PP 波频谱最相似。

将 PP 波与不同 γ_0 匹配后的 PS 波做相关性分析，通过相似系数来确定时间匹配对 γ_0 影响（图 4）。从图 4 中可以得出 γ_0 在 0～20% 变化时，PP 与 PS 的相似系数从 1 变到 0，其余变化皆为零。模型中 PP 波与 PS 波只有一个反射波形，在实际地震资料多层反射时，其相似系数虽然不会等于零，但其极大值衰减也是十分明显的。因此，γ_0 的极小变化都会带来 PS 波匹配的极大改变，γ_0 的准确性对纵、横波时间匹配的正确性是最重要的。

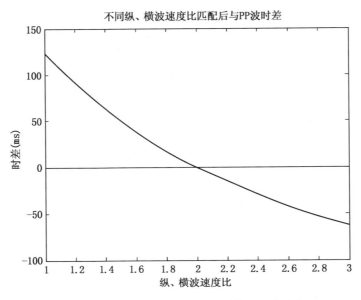

图 2　不同 γ_0 时间匹配后的 PS 波与 PP 波时差

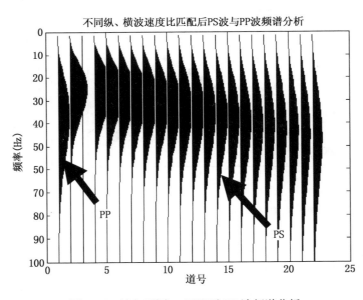

图 3　PP 波与不同 γ_0 匹配后 PS 波频谱分析

3　子波对纵、横波匹配的影响

地震子波的相位能改变子波波形的形态，进而影响到地震道的波形。纵、横波时间匹配以 PP 波与匹配后 PS 波相似系数最大来确定该层的 γ_0 值，因此，子波波形变化，对 γ_0 的求取影响是较大的。为此，我们对三种地震处理解释中常见的地震子波：零相位子波、最小相位子波和混合相位子波（图5），通过相似性分析来确定纵、横波匹配最佳的子波相位。

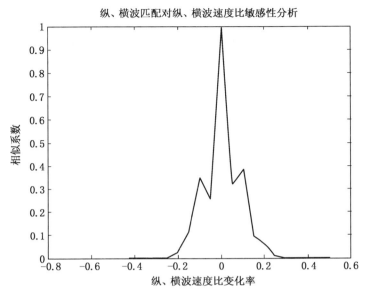

图 4　PP 波与不同 γ_0 时间匹配后 PS 波的相似系数
（零相位子波单层反射情况）

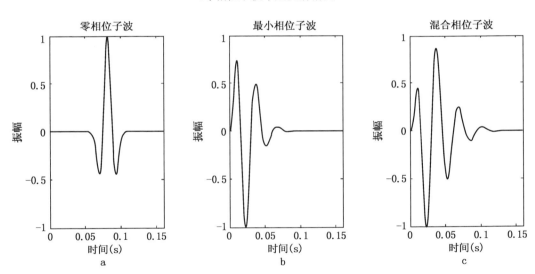

图 5　三种相位地震子波
a—零相位子波；b—最小相位子波；c—混合相位子波

　　三种子波正演的 PP 波与 PS 波（时间匹配后）相似系数对于 γ_0 的影响是不同的，对于图 6a 零相位子波，由于只有一个大尖峰，很容易判断出 PP 与 PS 匹配后最大相似系数的 γ_0 值。而图 6b，最小相位子波正演 PP 与 PS 的相似系数，在 γ_0 变化时出现了两个大的尖峰（正确 γ_0 对应的相似系数是较小尖峰），对正确求取 γ_0 是不利的。图 6c 对于混合相位子波，出现的尖峰值更多，更难判别准确的 γ_0 值。经过三种相位 PP 波与 PS 波的相似系数分析，可以判定，零相位子波是最理想的纵、横波匹配子波，将纵、横波零相位化有助于提高纵、横波匹配的准确性。

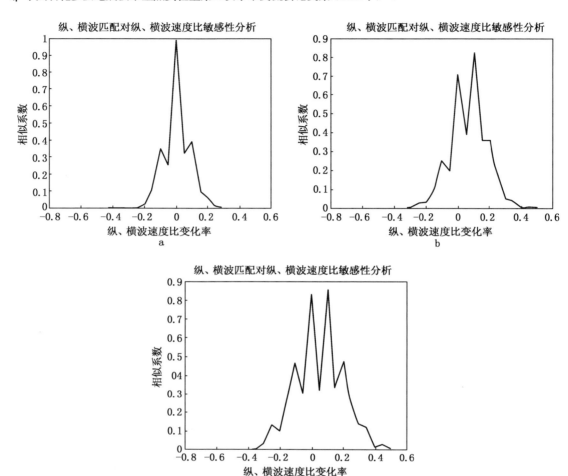

图 6　三种子波 PP 波与时间匹配后 PS 波的相似系数对 γ_0 变化率的影响分析

a—零相位子波 PP 波与 PS 波相似系数对 γ_0 的敏感分析；b—最小相位子波 PP 波与 PS 波相似系数
对 γ_0 的敏感分析；c—混合相位子波 PP 波与 PS 波相似系数对 γ_0 的敏感分析

4　振幅、频率对纵、横波匹配的影响

实际地震资料中纵波和转换波的能量差异往往达到 3 个数量级以上，依据纵、横波匹配相似性最大准则来分析振幅能量的差异对二者匹配的影响。相似系数公式为

$$coef = \frac{\sum_{i=0}^{n-1} X(i)Y(i)}{\sqrt{\sum_{i=0}^{n-1} X^2(i) \sum_{i=0}^{n-1} Y^2(i)}} \qquad (2)$$

式（2）中 X、Y 可分别代表 PP 波和 PS 波（n 为时窗样点长度），假如将 PP 波的振幅能量提高 A 倍，则

$$coef = \frac{\sum\limits_{i=0}^{n-1}A\times X(i)Y(i)}{\sqrt{\sum\limits_{i=0}^{n-1}A^2\times X^2(i)\sum\limits_{i=0}^{n-1}Y^2(i)}} = \frac{A\times\sum\limits_{i=0}^{n-1}X(i)Y(i)}{\sqrt{A^2}\times\sqrt{\sum\limits_{i=0}^{n-1}X^2(i)\sum\limits_{i=0}^{n-1}Y^2(i)}} = \frac{\sum\limits_{i=0}^{n-1}X(i)Y(i)}{\sqrt{\sum\limits_{i=0}^{n-1}X^2(i)\sum\limits_{i=0}^{n-1}Y^2(i)}}$$

$$(3)$$

由（3）式可以看出，相似性判断准则只是判别二种信号的相似程度，信号振幅能量的大小在里面并不起作用，所以，PP 和 PS 振幅能量差异并不影响二者的匹配。纵、横波固有的传播特性使得接收到的纵波主频高于转换波主频，在实际地震资料中一般是 1.5 倍左右，纵波的频带是转换波频宽的 2 倍左右。频带差异在波形上的反映是同相轴的胖瘦，同相轴的胖瘦也会影响到 PP 与 PS 相似系数的大小。为此，我们设计了一道地震信号来分析频率对纵、横波匹配的影响。

以 PP 波主频 35Hz、$\gamma_0 = 2$ 为模型标准，正演子波为零相位雷克子波，设计不同主频（4～70Hz）的 PS 信号，通过准确 γ_0 时间匹配后，求取二者的相似系数，图 7 为主频 23Hz 的 PS 信号，在正确的时间匹配后与 PP 波相似系数达到最高 1，且此时 PP 主频与 PS 主频之比刚好是 1.5。大于或小于这个频率比值，二者相似系数都明显降低。

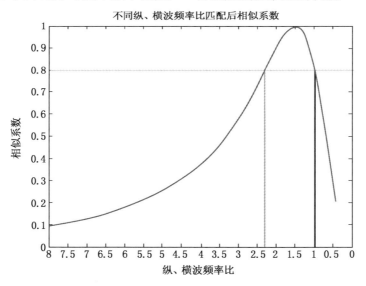

图 7　不同主频 PS 波经精确 γ_0 匹配后与 PP 波的相似系数
参见附图 7

由于转换波传播机制等客观原因，PS 波主频总是低于 PP 波主频的，因此，图 7 中 PS 波主频大于 35Hz 以后将没有实际地球物理意义，而此处（纵、横波频率比为 1.0）PP 波与 PS 波相似系数达到了 0.8；往低频方向，要保持二者相似性大于 0.8（红线），即 PS 波主频大于 15Hz，PP 主频与 PS 主频比值小于 2.3；即 PP 波主频比 PS 波主频不能过大，过大会导致二者相似性急剧下降，从而使 PP 波与 PS 波不具相似可比性。这要求在多波地震资料处理过程中，要同时兼顾二者的频带处理。

图 8 是对川西某多波勘探工区做 PP 波与 PS 波时间、相位匹配后，再对二者做频率匹

配前后剖面联合显示。从图中可以看出频率匹配前，PP 波的分辨率比 PS 波高很多，即二者频带差异较大，不利于匹配。而频率匹配后，PP 与 PS 的匹配效果更好，同相轴匹配更准确，振幅能量差异减小，二者剖面一致性也更好。

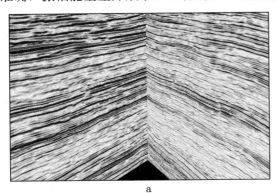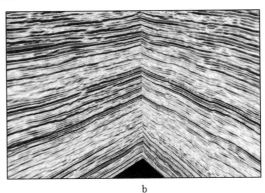

a   b

图 8　频率匹配处理前 PS 波与 PP 波（a）与频率匹配处理后 PS 波与 PP 波（b）

参见附图 8

5　结　　论

纵波与转换横波的匹配是多方面的，时间、频率、相位三个参数对匹配精度的影响是不同的，但又相互影响，因此，三参数之间的反复迭代处理，能够明显提高二者的匹配精度。

根据实际资料的匹配处理，好的匹配效果往往会舍弃纵波部分高频信息，以纵波降频来实现，因此，如何提高转换波的勘探精度及保幅处理是值得深入研究的。

参 考 文 献

[1] Gaiser J E. Multicomponent v_P/v_S correlation analysis. Geophysics，2002，61（4）：1137－1149

[2] 叶泰然，付顺，吕其彪等．多波地震联合反演预测相对优质储层——以川西深层致密碎屑砂岩为例．石油与天然气地质，2009，30（3）：357－362，369

[3] 程冰洁，唐建明，徐天吉．转换波 3D3C 地震勘探技术的研究现状及发展趋势．石油天然气学报，2008，30（2）：235－238

[4] 马季，巴晶，李玉凤．多尺度地震波资料匹配研究进展．地球物理学进展，2011，6

[5] 周兴元．常相位校正．石油地球物理勘探，1989，24（2）：119－129

[6] Stoffa P L，Sen M K，Non－linear multiparameter optimization using genetic algorithm：Inversion of plane－ware seismograms. Geophysics，1991，56：1794－1810

[7] Castagna J P，Batzle M L and Eastwood R L. Relationships between compressional－wave and shear－wave velocities in clastic silicate rocks. Geophysics，1985，50：571－581

[8] 李录明，罗省贤．多波资料处理及解释方法的研究进展．石油地球物理勘探，2006，41（6）：663－671

一种油气预测的频变 AVO 新方法

刘　炯　魏修成　陈天胜

中国石油化工股份有限公司石油勘探开发研究院，中国石化多波地震技术重点实验室

摘　要 传统 AVO 分析技术建立在弹性波的 Zoeppritz 方程的理论基础上，它没有考虑到实际介质的频散特性。最近试验表明：在含油气的地层岩石中，地震波传播速度与频率有关，地震速度频散可能作为流体识别的标志。本文在前人研究的基础上推导了一种新的频变 AVO 方法，并将该方法应用至丰谷三维地震数据中进行油气预测。频变 AVO 反演和测井对比结果表明，纵波频散梯度大的地方和地下优质的油气储层区域有着较好的对应关系，因此本文提出的频变 AVO 方法可以用来检测实际的地下油气储层。

关键词 AVO　反演　频变　油气预测

1　引　　言

当前的 AVO 分析技术建立在弹性波的 Zoeppritz 方程的理论基础上。在弹性波理论中，地震波速度是不随频率变换的，然而最近的地震岩石物理理论和实际勘探已经证明，实际地下岩石是黏弹性的，尤其是当地层中含有流体时，会导致地震波发生频散和不同程度的衰减。当前的弹性 AVO 技术并没有考虑到实际介质的频散特性。

最近的研究和实验表明储层中的地震频散和流体密切相关，因此最近有学者开始尝试利用地震的频散属性来检测地下的油气储层。Chapman 等[1]研究了频散对地震振幅随偏移距变化的影响，验证了应用频散特性进行储层含油气性检测的潜力。Wilson 等提出了一种实用的频变 AVO 反演方法，并用反演得到的纵波频散梯度来预测地下的油气储层。Wu 等利用平滑伪 Wigner‐Ville 分布的信号谱分解技术，改进了 Wilson 频变 AVO 反演精度。王海洋和孙赞东[2]从 Aki‐Richard 的弹性 AVO 反演公式出发，提出了一种改进型的频变 AVO 反演公式。本文首先对已有的频变 AVO 反演的方法进行了分析，然后提出了一种新的频变 AVO 反演方法，并将该方法应用至实际地震资料中，预测实际地下油气储层。

2　频变 AVO 反演理论

2.1　AVO 反演基础

当纵波传播到弹性分界面时要发生波型转换和能量的重新分配。Zoeppritz 利用反射界面两侧位移和应力连续的边界条件，得到了界面处弹性波的反射系数和透射系数与入射角和介质弹性参数之间的关系。Aki 和 Richard 假定相邻地层弹性参数变化较小，忽略了 Zoeppritz 方程中的高阶项，推导出了反射系数的近似公式。Smith 和 Gidlow 将 Gardner 密度与

纵波速度关系的经验公式代入 Aki－Richard 方程中，得到了一种近似表达公式，即 Smith－Gidlow 方程。在 Smith－Gidlow 方程中，纵波反射系数的表达式为

$$R \approx \frac{5}{8} \frac{\Delta v_P}{v_P} - \frac{v_S^2}{v_P^2} \left(4 \frac{\Delta v_S}{v_S} + \frac{1}{2} \frac{\Delta v_P}{v_P} \right) \sin^2\theta + \frac{1}{2} \frac{\Delta v_P}{v_P} \tan^2\theta \qquad (1)$$

式中，R 表示纵波的反射系数；v_P、v_S、ρ、θ 分别表示界面上下层的平均纵波速度、横波速度、密度、入射角；Δv_P、Δv_S、$\Delta \rho$ 是上下层介质的纵波速度差、横波速度差、密度差。

2.2　Wilson－Wu 频变 AVO 反演理论

在含油气的地层岩石中，地震波传播速度与频率有关。一般而言流体含量越高的地方，地震波频散的程度也越高；含油、气储层的地震频散要高于含水储层的频散。因此地震速度频散可能作为流体识别的标志。基于此种考虑，Wilson 提出了具体频变 AVO 反演的方法，首先对 Smith－Gidlow 公式进行重排，然后将公式推广至频率域，最后通过泰勒展开，忽略高阶项，得到反射系数的频率域表达公式，即

$$R(\theta, f) \approx A(\theta) \frac{\Delta v_P}{v_P}(f_0) + (f - f_0) A(\theta) I_a + B(\theta) \frac{\Delta v_S}{v_S}(f_0) + (f - f_0) B(\theta) I_b \qquad (2)$$

其中系数 $A(\theta)$、$B(\theta)$ 的表达式为

$$A(\theta) = \frac{5}{8} - \frac{1}{2} \frac{v_S^2}{v_P^2} \sin^2\theta + \frac{1}{2} \tan^2\theta \qquad (3)$$

$$B(\theta) = -4 \frac{v_S^2}{v_P^2} \sin^2\theta \qquad (4)$$

方程（2）中 I_a、I_b 分别表示纵、横波速度变化率随频率的导数（以后称为纵波频散梯度和横波频散梯度），其表达形式为

$$I_a = \frac{\mathrm{d}}{\mathrm{d}f} \left(\frac{\Delta v_P}{v_P} \right) \bigg|_{f = f_0} \qquad (5)$$

$$I_b = \frac{\mathrm{d}}{\mathrm{d}f} \left(\frac{\Delta v_S}{v_S} \right) \bigg|_{f = f_0} \qquad (6)$$

I_a、I_b 反应了地震波在参考频率处的频散程度大小。又因为含流体多，流体渗透率大的地方，地震波频散也剧烈，所以 I_a、I_b 可以作为属性来预测地下流体情况。Wu 等利用平滑伪 Wigner－Ville 分布的信号谱分解技术，改进了原 Wilson 频变 AVO 反演的精度。

在 Wilson－Wu 频变 AVO 反演公式的推导过程中，横、纵波速度比假设为不随频率变化的常数。然而实际岩石介质由于纵、横波是随频率变化的，所以横、纵波速度比一般情况也应该是随频率变化的，Wilson 和 Wu 的这种横、纵波速度比不随频率变化的假设处理忽略了速度比随储层和频率变化的特性，本研究认为这点是 Wilson－Wu 频变 AVO 反演误差的一个重要来源。

2.3　王海洋—孙赞东频变 AVO 反演公式

王海洋和孙赞东从 Aki－Richard 公式出发，认为纵波反射系数、地震速度是频率的函

数，并引入 Gardner 公式中速度与密度的关系，通过泰勒级数在参考频率 f_0 附近处展开，并忽略二次及其以上的频率高阶项，得到如下频变 AVO 反演的公式，即

$$R(\theta, f) \approx A_1(\theta) \left[\frac{\Delta v_P}{v_P}(f_0) + (f - f_0) I_{a1} \right] + B_1(\theta) \left[\frac{v_S^2}{v_P^2} \frac{\Delta v_P}{v_P}(f_0) + (f - f_0) I_{b1} \right]$$
$$+ C_1(\theta) \left[\frac{v_S^2}{v_P^2} \frac{\Delta v_P}{v_P}(f_0) + (f - f_0) I_{c1} \right] \tag{7}$$

其中纵波频散梯度 I_{a1}，剩余纵波频散梯度 I_{b1} 以及剩余横波频散梯度 I_{c1} 是反演待求的量，它们的表达式为

$$I_{a1} = \frac{\mathrm{d}}{\mathrm{d}f} \left(\frac{\Delta v_P}{v_P} \right) \Big|_{f = f_0} \tag{8}$$

$$I_{b1} = \frac{\mathrm{d}}{\mathrm{d}f} \left(\frac{v_S^2}{v_P^2} \frac{\Delta v_P}{v_P} \right) \Big|_{f = f_0} \tag{9}$$

$$I_{c1} = \frac{\mathrm{d}}{\mathrm{d}f} \left(\frac{v_S^2}{v_P^2} \frac{\Delta v_S}{v_S} \right) \Big|_{f = f_0} \tag{10}$$

方程（7）中的系数 $A_1(\theta)$，$B_1(\theta)$，$C_1(\theta)$ 表达式为

$$A_1(\theta) = \frac{5}{8} + \frac{1}{2} \tan^2(\theta) \tag{11}$$

$$B_1(\theta) = -\frac{1}{2} \sin^2(\theta) \tag{12}$$

$$C_1(\theta) = -4 \sin^2(\theta) \tag{13}$$

在王海洋—孙赞东频变 AVO 反演公式（7）中，不仅纵、横波速度是频率的函数，而且横、纵波速度比 $(v_S/v_P)^2$ 也是频率的函数，因此改进型的反演公式中没有 Wilson – Wu 频变 AVO 反演公式中 $(v_S/v_P)^2$ 频率无关假设所带来的误差。但是在（7）中系数 $B_1(\theta)$，$C_1(\theta)$ 是线性相关的，因此用（12）进行频变 AVO 反演得到的结果是不唯一的，按此公式只能得到一定意义下的最优反演结果，如距离最小。

2.4 本研究的新频变 AVO 反演公式

通过对 Wilson – Wu 频变 AVO 反演公式的误差分析，本研究提出一种新的频变 AVO 反演公式。首先将 Smith – Gidlow 公式（1）中的反射系数，纵、横波速度，横、纵波速度比 $(v_S/v_P)^2$ 都看成是频变的函数，然后在参考频率 f_0 附近进行泰勒展开，最后通过整理可得如下改进的频变 AVO 反演公式，即

$$R(\theta, f) \approx A_2(\theta) \frac{\Delta v_P}{v_P}(f_0) + (f - f_0) A_2(\theta) I_{a2} + B_2(\theta) \frac{v_S^2}{v_P^2} \left(\frac{\Delta v_S}{v_S} + \frac{1}{8} \frac{\Delta v_P}{v_P} + (f - f_0) B_2(\theta) I_{b2} \right)$$
$$\tag{14}$$

其中系数 A_2、B_2 的表达形式为

$$A_2(\theta) = \frac{5}{8} + \frac{1}{2} \tan^2(\theta) \tag{15}$$

$$B_2(\theta) = -4\sin^2(\theta) \tag{16}$$

仿照王海洋—孙赞东频变 AVO 反演公式中起名方式，本文将（14）中待求量 I_{a2} 和 I_{b2} 分别叫做纵波频散梯度和混合剩余频散梯度，它们的表达式为

$$I_{a2} = \frac{\mathrm{d}}{\mathrm{d}f}\left(\frac{\Delta v_P}{v_P}\right)\Bigg|_{f=f_0} \tag{17}$$

$$I_{b2} = \frac{\mathrm{d}}{\mathrm{d}f}\left[\frac{v_S^2}{v_P^2}\left(\frac{\Delta v_S}{v_S} + \frac{1}{8}\frac{\Delta v_P}{v_P}\right)\right]\Bigg|_{f=f_0} \tag{18}$$

由于在新的频变 AVO 反演公式（14）的推导过程中并没有引入 $(v_S/v_P)^2$ 不随频率变化的假设，所以理论上说新公式要比 Wilson－Wu 的频变 AVO 反演公式更准确。又由于新公式中系数 A_2、B_2 是线性不相关的，所以它不会出现王海洋—孙赞东公式反演结果不唯一的情况。此外混合剩余频散梯度是纵波、横波速度的函数，其意义不是很明确，因此本文后面主要以纵波频散梯度值来预测地下油气储层。

3　频变 AVO 方法在实际资料中的应用

对于实际的地震资料，频变 AVO 反演的流程如图 1 所示：首先从经过精细处理的叠前地震记录（偏移距道集）出发，利用地震速度提取频变 AVO 反演所需要的叠前角道集数据；随后利用 SPWVD（平滑伪 Wigner－Ville 分布）技术对叠前角道集进行频谱分解，得到不同频率下的分频角道集地震记录；然后用本文提出的新频变 AVO 反演公式对分频角道集数据进行处理，得到纵波频散梯度结果；最后利用含油气储层中纵波频散大的原理，根据纵波频散梯度的结果来预测有利的油气储层区域。

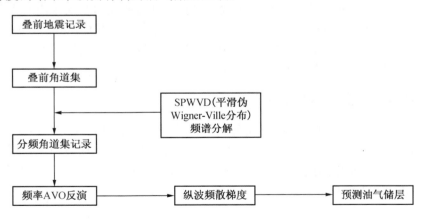

图 1　实际资料的频变 AVO 反演流程

本文利用新推导出来新的频变 AVO 公式，并结合 SPWVD 频谱分解技术对丰谷地区须家河组须四段的三维地震资料进行频变 AVO 反演。图 2 是反演所得的纵波频散梯度结果。

目前在计算区域内有 5 口油气测试完整的井，现在将须四段第一套砂层的频变 AVO 反演结果同该套砂层的测井结果进行对比。计算区域内反演得到的纵波频散梯度结果如图 3 所示。

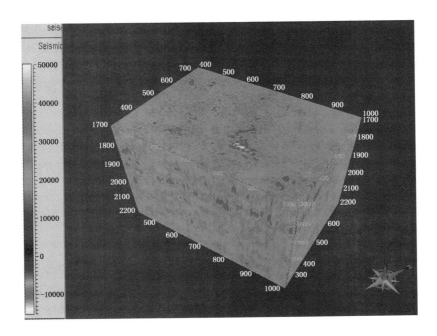

图 2　三维资料频变 AVO 反演结果

参见附图 9

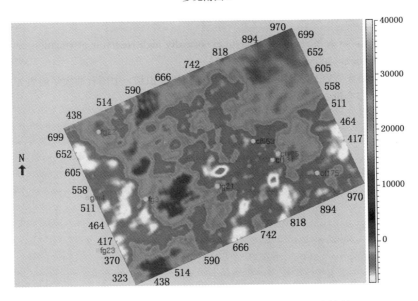

图 3　须四段第一套砂层组的纵波频变 AVO 反演结果

参见附图 10

表 1 是须四段第一套砂层组的测井结果。

表 1　须四段第一套砂层组的井测试结果

	Fg22	Cf175	Cf125	Cf563	Fg21
测试结果	泥岩层	差气层	差气层	气层	差气层

对频变 AVO 反演结果和测井结果进行比较可以看到：Cf563 的位置纵波频散梯度值大，测井表明该处为高产气层；Fg22 的位置纵波频散梯度值小，测井表明该处为泥岩；Cf125、Fg21 的位置纵波频散梯度较大，测井表明为差气层。Cf563、Cf125、Cf563、Fg21 位置处的油气检测结果和实际油气测井的结果一致。只有在 Cf175 位置处，反演纵波频散梯度值大，但测试表明该处是差气层，预测和实际结果出现偏差。从整体上看，须四段第一套砂层频变 AVO 反演的油气检测成功率较高，达到了 80％。

三维地震资料的频变 AVO 反演结果和测井结果对比表明，井上优质的气层位置和频变 AVO 反演纵波频散梯度值大的地方相对应，这也证明了频变 AVO 反演方法可以用来直接预测地下油气位置。

4 结　　论

本文主要基于岩石孔隙介质中的流体流动是油气储层中地震频散主要原因的原理，推导了一种新的频变 AVO 反演方法，并将新方法应用至实际丰谷地区，对地下的油气储层进行了检测。从频变 AVO 反演结果和已有测井结果的对比来看，纵波频散梯度大的地方和地下优质的油气储层区域有着较好的对应关系，因此本文提出的频变 AVO 方法可以用来检测实际的地下油气储层。

参 考 文 献

[1] Chapman M，Liu E，Li X Y. The influence of abnormally high reservoir attenuation on the AVO signature. The Leading Edge，2005，24：1120－1125

[2] 王海洋，孙赞东. 频变 AVO 反演算法及其频率域储层流体识别. 中国石油大学地质与地球物理综合研究中心第 4 届技术年会论文集，2011，33－45

射线参数域 AVO 叠前反演

刘　韬　陈天胜　魏修成

中国石油化工股份有限公司石油勘探开发研究院，中国石化多波地震技术重点实验室

摘　要　地震 AVO 反演技术是通过振幅和偏移距的变化信息得到地下介质的速度和密度等弹性信息，在岩性分析和油气储层预测中发挥着重要的作用。常规的 AVO 反演方法需要将地震数据从偏移距域转换到角度域，之后再利用角度域的 Zoeppritz 方程进行反演计算。然而，在进行角度域的转换过程中需要预先知道上覆地层的速度信息，从而使得整个反演过程依赖于精确的速度模型。此外，根据角度域的 Zoeppritz 方程，反演只能获取速度和密度的比值信息，要得到绝对值信息必须加入约束条件。为了解决以上问题，本文探讨将地震数据从偏移距域转换到射线参数域进行反演（AVP）。根据射线参数的定义，射线参数的求取可以直接从地震数据计算得到，无需依赖于速度信息，从而避免了不准确的速度模型给反演带来的误差；同时，在 Zoeppritz 方程中使用射线参数去替代角度，可以对地层速度进行无约束反演，减小了 AVO 反演的多解性。

关键词　反演　射线参数　叠前　弹性

1　引　言

现有的叠前反演技术是通过考察地震振幅随偏移距变化（AVO）的信息进行反推地下岩层的弹性信息，包括阻抗、泊松比、纵波速度、横波速度，以及密度等。在实际生产当中，考虑到振幅与偏移距之间定量关系的复杂性，一般都是先将偏移距域的地震数据转换到角度域中，然后根据角度域的 Zoeppritz 方程进行振幅信息的计算（Ostrander，1984；Sen 和 Stoffa，1985；陈建江等，2006）。尽管 Zoeppritz 方程经过几十年的发展得到了不少改进和简化，包括基于相邻两层介质弹性参数变化较小假设的 Aki–Richard 公式（1980），反映泊松比变化的 Shuey 公式（1985），以及通过相对波阻抗表示反射系数的 Fatti 公式（1994）等。这些简化大大降低了反演计算的复杂性，使得 AVO 反演很容易应用到工业生产之中。目前角度域叠前 AVO 反演技术已经广泛应用于地下岩性判断和油气储层预测方面，却往往忽视了角度域反演中带来的以下问题：（1）在从地震数据的偏移距信息转换到角度域的过程中，需要预先得到上覆地层的速度信息，然后再通过射线追踪的方式将偏移距和角度进行转换。而地层的速度信息求取本身就是比较困难的，很容易在角度域转换的过程中引入误差，从而导致反演结果的可信度降低。（2）根据角度域的 Zoeppritz 方程，在给定角度的情况下，单界面反射系数由 4 个自变量控制，分别为密度比值（$r_1 = \rho_2 / \rho_1$），纵波速度比值（$r_2 = v_{P2} / v_{P1}$），介质的纵波和横波速度比值（$r_3 = v_{S1} / v_{P1}$ 和 $r_4 = v_{S2} / v_{P1}$）。因此，地震反射系数只取决于岩性参数（速度，密度）变化的相对值，与岩性参数的绝对值无关。这就造成了反演的多解性问题。在实际生产中，要得到弹性参数的绝对值信息，则需要通过其他的约束条件去进行处理。

Wang 在 1999 年提出过射线参数在反演中的应用，但主要是基于角度域的转换不满足间断面上下两侧入射角相等的假设，而如果将角度转换成射线参数，则这个假设是满足的。之后 Zhang（2010）在反演中进一步将射线波阻抗的概念应用于实际生产，将反射系数与波阻抗之间的近似公式用于反演。在实现过程中，首先根据射线波阻抗近似公式反演得到地震反射系数信息，然后将反演得到的反射系数剖面作为输入参数进行反演得到射线波阻抗信息，并认为射线波阻抗信息在某些情况下对于岩性的判断具有更高的可辨识性。然而射线波阻抗的物理意义并不是很明晰，难以广泛应用于储层识别和流体预测当中。

针对常规角度域反演所存在的问题，本文提出地震 AVO 反演的另一种思路：将地震数据从偏移距域转换到射线参数域中进行反演。根据射线参数的概念，它相当于介质的慢度信息，因此可以直接从地震的反射同相轴上提取，无需提供上覆地层的速度信息，从而避免了速度信息不准导致角度域转换过程中带来的偏差。此外，将射线参数引入到 Zoeppritz 方程当中，使得自变量从之前的 4 个比值参数增加到 5 个参数（新增加纵波速度参量 v_{P1}），因此可以将速度的绝对值信息求取出来。即在反演过程中可以对速度信息进行无约束反演，从而减小了反演的多解性，使得反演结果更加精确有效。本文详细讨论了射线参数域反演的特点，首先就射线参数的概念进行阐述，并推导出射线参数域的 Zoeppritz 方程。反演时直接从射线参数域的 Zoeppritz 方程出发，通过正演数据和实际数据的残差对模型进行迭代，最终得到纵波速度，横波速度和密度比值等弹性信息。在介绍射线参数域反演的基本原理和实现算法之后，我们引入一个合成数据进行反演，考察 AVP 反演的正确性；之后我们将该方法应用到实际的地震数据当中进行反演。为了能够更好地应用于实际生产解释，在反演得到密度比值信息之后通过井约束后得到密度的绝对值信息，与实际测井数据进行比较，验证射线域方法在实际应用过程中的有效性。

2　基本原理

射线是用来刻画波场传播路径的概念。根据费马原理，波场在介质中的传播是沿着走时最小的路径传播，这条路径称为射线。而根据 Snell 定理，一个以一定角度入射的波场，遇到介质突变界面上，会产生透射波和反射波。所有这些波场都可以用一个相同的参数来表征，即射线参数。因此，在反射地震记录上，不管记录到的是纵波还是转换波，只要是来自于同一条射线入射，它们的射线参数都是一致的。根据这一特征，我们可以很方便地结合纵波和转换波的信息用于纵、横波的联合反演。

射线参数的定义为

$$p = \sin\theta/c \tag{1}$$

式中，θ 代表入射角度；c 代表波场传播的速度。从射线参数的定义可以看出：和角度相比，射线参数里面还涵盖了速度的信息，其物理本质为介质的慢度。在反射地震学中，介质的慢度可以直接通过反射同相轴的斜率进行求取，无需借助于地层的速度信息，因此在射线参数的求取过程是数据驱动的，避免了角度域中需要借助于速度模型计算的问题。

在常规叠前反演中需要使用到 Zoeppritz 方程用于刻画振幅随偏移距的变化关系，但是

在计算过程中，一般都将 Zoeppritz 方程以角度的形式表征，即

$$
\begin{bmatrix}
-\sin\theta_1 & -\cos\varphi_1 & \sin\theta_2 & -\cos\varphi_2 \\
\cos\theta_1 & -\sin\varphi_1 & \cos\theta_2 & \sin\varphi_2 \\
\sin2\theta_1 & \dfrac{v_{P1}}{v_{S1}}\cos2\varphi_1 & \dfrac{\rho_2}{\rho_1}\dfrac{v_{P1}}{v_{P2}}\dfrac{v_{S2}^2}{v_{P1}^2}\dfrac{v_{P1}^2}{v_{S1}^2}\sin2\theta_2 & -\dfrac{\rho_2}{\rho_1}\dfrac{v_{P1}}{v_{S1}}\dfrac{v_{S2}}{v_{S1}}\cos2\varphi_2 \\
-\cos2\varphi_1 & \dfrac{v_{S1}}{v_{P1}}\sin2\varphi_1 & \dfrac{\rho_2}{\rho_1}\dfrac{v_{P2}}{v_{P1}}\cos2\varphi_2 & \dfrac{\rho_2}{\rho_1}\dfrac{v_{S2}}{v_{P1}}\sin2\varphi_2
\end{bmatrix}
\begin{bmatrix}
R_{PP} \\ R_{PS} \\ T_{PP} \\ T_{PS}
\end{bmatrix}
=
\begin{bmatrix}
\sin\theta_1 \\ \cos\theta_1 \\ \sin2\theta_1 \\ \cos2\varphi_1
\end{bmatrix}
\tag{2}
$$

式中，v_{P1}、v_{S1}、ρ_1、v_{P2}、v_{S2} 和 ρ_2 分别是上层和下层的速度和密度；θ_1 和 θ_2 是纵波入射角和透射角；φ_1 和 φ_2 是转换波反射角和透射角。

定义比值参数为

$$
r_1 = \rho_2/\rho_1, \quad r_2 = v_{P2}/v_{P1}, \quad r_3 = v_{S1}/v_{P1}, \quad r_4 = v_{S2}/v_{P1}
\tag{3}
$$

可以看出，角度域中的 Zoeppritz 方程在给定角度情况下的自变量参数为（3）式中的 4 个比值参数。因此，直接利用 Zoeppritz 方程进行反演是无法得到弹性参数的绝对值信息的，只能得到比值信息。

根据射线参数 p 的定义，我们可以得到角度与射线参数之间的关系，即

$$
\begin{cases}
\sin\theta_1 = p\alpha_1, \quad \cos\theta_1 = \sqrt{1 - p\gamma_1^2\alpha_1^2}, \quad \sin\theta_2 = p\gamma_2\alpha_1, \quad \cos\theta_2 = \sqrt{1 - p^2\gamma_2^2\alpha_1^2} \\
\sin\varphi_1 = p\gamma_3\alpha_1, \quad \cos\varphi_1 = \sqrt{1 - p^2\gamma_3^2\alpha_1^2}, \quad \sin\varphi_2 = p\gamma_4\alpha_1, \quad \cos\varphi_2 = \sqrt{1 - p^2\gamma_4^2\alpha_1^2}
\end{cases}
\tag{4}
$$

将公式（4）带入到公式（2）中，可以得到射线参数域中的 Zoeppritz 方程，即

$$
\begin{bmatrix}
-p\alpha_1 & -\sqrt{1 - p^2 r_3^2\alpha_1^2} & pr_2\alpha_1 & -\sqrt{1 - p^2 r_4^2\alpha_1^2} \\
\sqrt{1 - pr_1^2\alpha_1^2} & -pr_4\alpha_1 & \sqrt{1 - p^2 r_2^2\alpha_1^2} & pr_4\alpha_1 \\
2p\alpha_1\cdot\sqrt{1 - pr_1^2\alpha_1^2} & \dfrac{1 - 2(pr_3\alpha_1)^2}{r_3} & 2pr_1\alpha_1\dfrac{r_4}{r_3^2}\sqrt{1 - p^2 r_2^2\alpha_1^2} & -\dfrac{r_1\cdot r_4}{r_3^2}(1 - 2p^2 r_4^2\alpha_1^2) \\
2(pr_3\alpha_1)^2 - 1 & 2pr_3^2\alpha_1\sqrt{1 - p^2 r_3^2\alpha_1^2} & r_1 r_2(1 - 2p^2 r_4^2\alpha_1^2) & 2r_1^2 r_4 pr_4\alpha_1\sqrt{1 - p^2 r_4^2\alpha_1^2}
\end{bmatrix}
\begin{bmatrix}
R_{PP} \\ R_{PS} \\ T_{PP} \\ T_{PS}
\end{bmatrix}
$$

$$
=
\begin{bmatrix}
p\alpha_1 \\
\sqrt{1 - pr_1^2\alpha_1^2} \\
2p\alpha_1\sqrt{1 - pr_1^2\alpha_1^2} \\
1 - 2(pr_3\alpha_1)^2
\end{bmatrix}
\tag{5}
$$

从公式（5）中可以看出，在给定射线参数 p 之后的 Zoeppritz 方程，其自变量参数变成了 5 个，除了 4 个比值参数之外，还增加了速度参数 α_1。因此利用角度域的 Zoeppritz 方程反演，可以得到 1 个速度变量和 4 个比值变量，共 5 个参数。通过这 5 个参数的组合可以求取速度的绝对值信息。这一特点使得我们可以在射线参数域中进行速度的无约束反演。

对于 N 层介质而言，一共有 $N-1$ 个间断面，但所需的参数并非 $5\times(N-1)$ 个，因为这些变量之间并非独立，例如：第 i 层的纵波速度 v_P 实际上是可以由第 $i-1$ 层的纵波速度

计算出来，即

$$v_P^{i+1} = v_P^i \cdot r_2^i \tag{6}$$

此外，比值参数 r_3 和 r_4 也存在着关联，即

$$\left.\begin{array}{l} v_S^{i+1} = v_P^i \cdot r_4^i \\ v_S^{i+1} = v_P^{i+1} \cdot r_3^{i+1} \\ v_P^{i+1} = v_P^i \cdot r_2^i \end{array}\right\} \Rightarrow r_3^{i+1} = \frac{r_4^i}{r_2^i} \tag{7}$$

因此，对于 N 层介质，最终需要反演的参数个数为 $3N-1$ 个。对应着每层的纵波速度、横波速度以及密度信息。因为在反演中我们只能计算出密度比值信息，因此总的参数个数为 $3N-1$。

在实际数据的反演当中，本文采用的是贝叶斯反演方法（Downton，2005；张世鑫等，2011）。假设对于已知的地下模型，其数据分布满足特定的分布函数，同时也知道地下模型的分布特性，利用贝叶斯理论可以计算数据已知情况下的模型分布函数，之间的关系如下式所示，即

$$P(x|d,I) = \frac{P(d|x,I)P(x|I)}{P(d|I)} \tag{8}$$

式中，x 表示模型参数；d 表示观测到的数据；I 为一个先验的环境；同时 $P(d|I)$ 的值可以作为一个不变量考虑。贝叶斯反演的目的就是在已知先验概率分布的情况下，求取后验概率密度函数的最大值。

假设给定模型下数据噪声的分布满足高斯分布，其中分布的方差假设已知，即

$$P(\underline{d}_m|x,I) = \frac{1}{\sigma_m\sqrt{2\pi}}\exp\left[-\frac{(\underline{G}_m-\underline{d}_m)^2}{2\sigma_m^2}\right] \tag{9}$$

式中，$\underline{d}_m$ 表示为第 m 道的地震数据；σ_m 代表该数据的方差；$\underline{G}_m$ 为相应正演的数据。在实际数据中，方差可以通过每一道数据的残差均值求出。

而对于模型的分布函数，对于感兴趣的目的层段，可以认为它也是满足高斯分布的，因为这里的模型有三个变量，因此，模型的概率分布函数可以由下式表达，即

$$P(x|I) = \frac{\exp\left[-\frac{1}{2}(x-x_E)^T C_x^{-1}(x-x_E)\right]}{(2\pi)^3\sqrt{\det|C_x|^3}} \tag{10}$$

式中，x_E 表示模型的期望值，可通过均值求出；C_x 为模型的协方差矩阵，表达式为

$$C_x = \begin{bmatrix} \sigma_{m1}^2 & \sigma_{m1,m2} & \sigma_{m1,m3} \\ \sigma_{m1,m2} & \sigma_{m2}^2 & \sigma_{m2,m3} \\ \sigma_{m1,m3} & \sigma_{m2,m3} & \sigma_{m3}^2 \end{bmatrix} \tag{11}$$

在已知模型分布情况和给定模型数据的分布情况下，我们可以通过贝叶斯公式计算出后验概率密度分布函数，即

$$P(x|d,I) = \frac{1}{\sigma_m \sqrt{2\pi}} \exp\left[-\frac{(\underline{G_m} - \underline{d_m})^2}{2\sigma_m^2} \right] \cdot \frac{\exp\left[-\frac{1}{2}(x - x_E)^{\mathrm{T}} C_x^{-1}(x - x_E) \right]}{(2\pi)^3 \sqrt{\det|C_x|^3}} / P(d|I)$$

(12)

前面提到，$P(d|I)$ 的值可以作为一个不变量考虑。同样地，排除常量的影响，可以得到以下关系式，即

$$P(x|d,I) \propto (2\pi)^{-\frac{1}{2}} \cdot \sigma_m^{-1} \exp\left[-\frac{(\underline{G_m} - \underline{d_m})^2}{2\sigma_m^2} \right] \cdot \exp\left[-\frac{1}{2}(x - x_E)^{\mathrm{T}} C_x^{-1}(x - x_E) \right] \quad (13)$$

最大化后验概率密度函数，得到

$$(G^{\mathrm{T}}G + \Theta C_x^{-1})x = G^{\mathrm{T}}d + \Theta C_x^{-1} \cdot x_E$$

(14)

式中，$\Theta = \sigma_m^2$。此处，G 对应着之前的 Jacobi 矩阵。从公式看出，当地震数据中的误差方差为 0 的时候，公式简化成最常见的高斯—牛顿计算公式。当考虑数据含噪声的时候，根据贝叶斯理论，其方程满足公式（13）。

同样的，根据高斯—牛顿方法进行模型迭代，并将之前的 G 和 x 替换成 J 和 m，得到以下公式，即

$$\underline{dm} = (J^{\mathrm{T}}J + \Theta C_x^{-1})^{-1}\left[J^{\mathrm{T}}\varepsilon + \Theta C_x^{-1}(\underline{m} - \underline{E_m}) \right]$$

(15)

接下来，只需求解公式（15），则可进行模型迭代计算，直到模型迭代收敛。

3 应用分析

3.1 正演模型分析

假设两个双层介质模型，具体参数如表 1 所示。两个模型的速度比值都相同，但是速度绝对值不同。分别考虑角度域和射线参数域的 AVO 现象，图 1 为角度域中两个模型的 AVO 特征，其中红色方形离散点代表的是模型 I 的 AVO 特征，蓝点表示的是模型 II 计算出的 AVO 特征。结果显示两个模型的纵波和转换波 AVO 特征一致，说明角度域数据体中从 AVO 特征无法区分两个模型。图 2 为射线参数域中两个模型的 AVO 特征，分别考察了纵波和转换波数据。对比显示，对于纵波和转换波，两个模型的 AVO 特征出现了差别。通过比较，说明了射线参数域能够反演出速度的绝对值的优势。

表 1 双层模型参数

	模型 I			模型 II		
	纵波速度（m/s）	横波速度（m/s）	密度（kg/m³）	纵波速度（m/s）	横波速度（m/s）	密度（kg/m³）
第一层	3000	2400	2.2	4000	3200	2.2
第二层	3300	1500	2.4	4400	2500	2.4

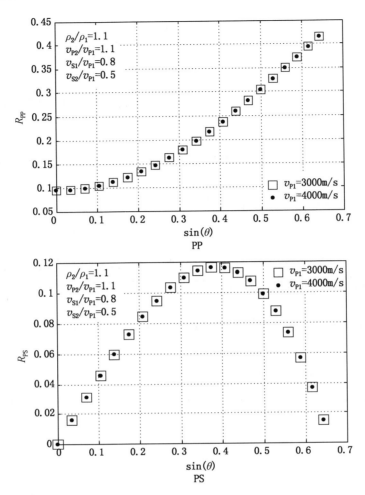

图1　比值参数相同时，两个不同模型纵波和转换波
反射系数随入射角的变化相同
参见附图11

3.2　合成数据反演

在这部分内容中，我们从测井资料获取密度和速度信息进行合成数据的正演。对合成数据加入随机噪声之后进行反演，并分析单一纵波数据，转换波数据和纵、横波联合反演的结果。

图3为纵波速度反演结果，红色曲线代表反演值，蓝色曲线代表真实值。其中图3a为利用单一纵波数据反演结果，图3b为单一转换波场反演得到的速度值，图3c为纵波和横波联合反演得到的结果。通过对比可以看出，纵波反演结果要优于转换波反演结果，但是采用纵波和横波联合反演方式能够得到更加精确的反演值。

图4为纵波和横波速比反演结果，同样考虑了三种不同的反演模式，包括纵波反演，转换波反演和纵、横波联合反演。对比显示，联合反演结果要优于单一波场反演结果。类似地，我们可以得到密度比值的反演结果，如图5所示。

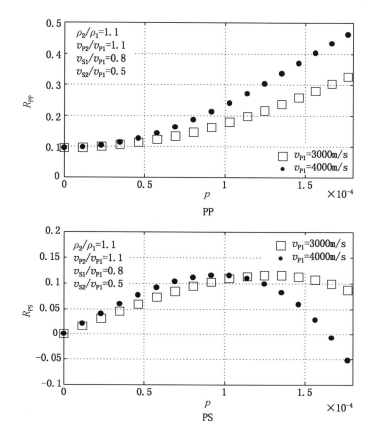

图 2　比值参数相同时，两个不同模型纵波和转换波
反射系数随射线参数 p 的变化不同

参见附图 12

3.3　实际资料反演

在本部分内容中，我们对西南某地区的实际地震资料进行反演。在实际数据的反演过程中，需要首先将地震道集转换到射线参数域中，之后对射线域道集进行子波的提取，最后进行射线域叠前 AVO 反演。为了验证射线域反演的有效性，我们将 AVP 的反演结果与角度域 AVO 反演进行对比分析。

图 6 展示了地震数据从偏移距到射线参数域的转换，可以看出在射线参数域，深层的大射线参数道集是缺失的，这一点和角度域数据体类似。地层速度随着深度的增加在增加，因此入射角也一直在增加，到临界角则不产生反射数据。

图 7 显示了纵波速度的反演结果，并跟角度域的反演结果进行了对比。整体而言射线参数域的反演结果更加连续，具有更丰富的高频信息。从井旁地震道上对比，可以看出 AVP 反演结果的吻合度更高。

图 8 为横波速度的反演结果，同样地将 AVP 的反演结果和角度域反演结果进行了对比。对比表明，AVP 反演结果具有更高的连续性和精确性。

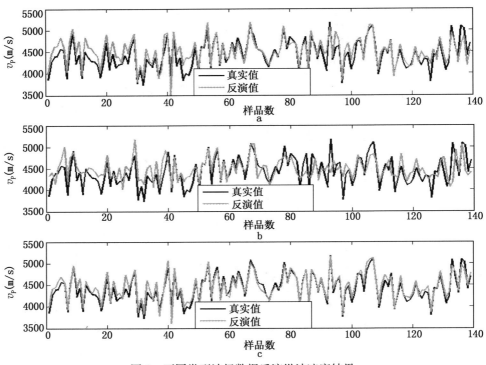

图 3　不同类型波场数据反演纵波速度结果

a—单一纵波反演结果；b—单一转换波反演结果；c—纵波和横波联合反演结果。参见附图 13

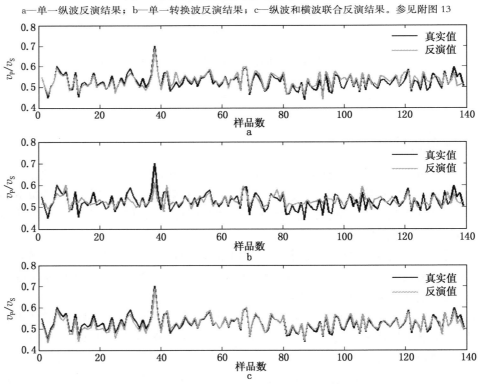

图 4　不同类型波场数据反演纵波和横波速比结果

a—单一纵波反演结果；b—单一转换波反演结果；c—纵波和横波联合反演结果。参见附图 14

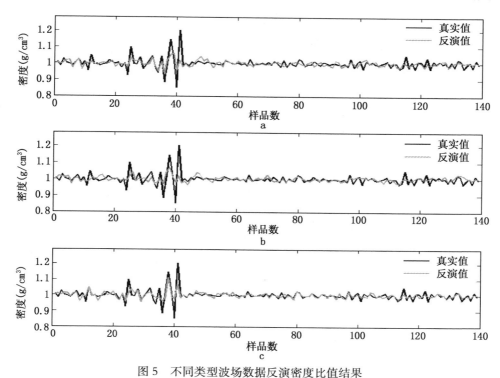

图 5　不同类型波场数据反演密度比值结果

a—单一纵波反演结果；b—单一转换波反演结果；c—纵波和横波联合反演结果。参见附图 15

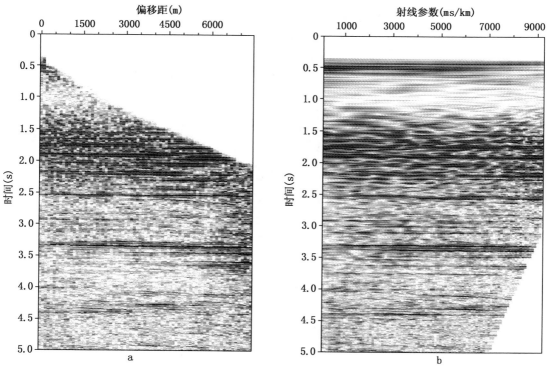

图 6　地震数据从偏移距到射线参数域的转换

a—叠前共成像点道集；b—叠前射线域道集。参见附图 16

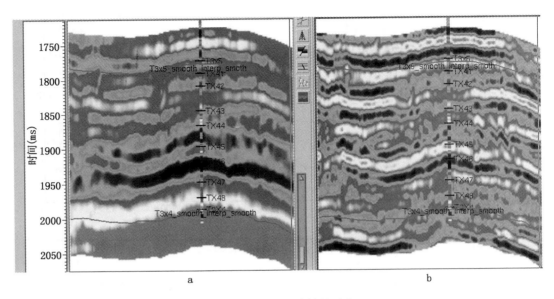

图 7　纵波速度反演结果对比

a—角度域反演纵波速度；b—射线参数域反演纵波速度。参见附图 17

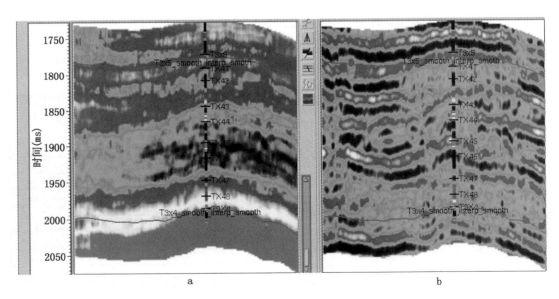

图 8　横波速度反演结果对比

a—角度域反演横波速度；b—射线参数域反演横波速度。参见附图 18

　　图 9 为密度的反演结果。因为根据 AVP 的理论，我们只能获得速度比值信息，为了在工业上更好地应用，我们通过约束条件得到密度的绝对值信息。反演结果和角度域反演结果进行了对比，结果显示 AVP 的密度反演结果优于角度域的反演结果。

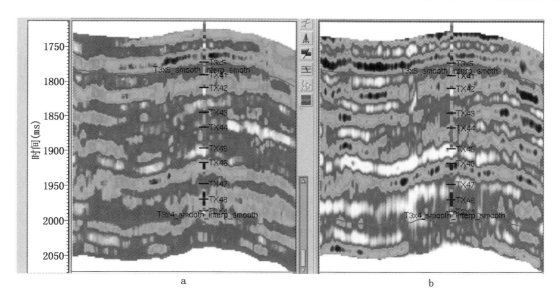

图 9　密度反演结果对比

a—角度域反演密度；b—射线参数域反演密度。参见附图 19

4　结　　论

常规的叠前 AVO 反演一般都在角度域中进行。在角度域的转换中需要预先知道上覆地层速度模型，因而容易在整个反演过程中引入误差。此外，角度域中的 Zoeppritz 方程自变量都是速度和密度的比值参数，无法直接反演出速度和密度的绝对值，需要加入约束条件。射线参数域 AVO 反演具有独特优势。（1）射线参数的求取中不依赖于上覆地层的速度信息，避免了速度不准确带来的误差；（2）射线参数表示的 Zoeppritz 方程自变量增加了速度值，因此可以进行速度的无约束反演，减少了 AVO 反演的多解性。合成数据 AVO 反演结果证明了 AVP 反演的有效性，以及纵、横波联合反演相对于单一波场反演的优越性。实际地震资料进行的角度域和射线参数域 AVO 反演结果表明，射线参数域的 AVO 反演可获得更加可信的地层剖面，展示了射线参数域 AVO 反演在实际生产中的应用潜力。

参 考 文 献

[1] Fatti J L，Smith G C，Vail P J，Strauss P J. Detection of gas in sandstone reservoirs using AVO analysis：A 3D seismic case history using the Geostack technique. Geophysics，1994，59：1362－1376

[2] Ostrander W J. Plane－wave reflection coefficients for gas sands at normal angles of incidence. Geophysics，1984，49：1637－1648

[3] Sen M，Stoffa P L. Global optimization methods in geophysical inversion. Elsevier Science Publishers，1995

[4] Shuey R T. A simplification of the Zoeppritz equations. Geophysics，1985，50：609－141

[5] Wang Y. Approximations to the Zoeppritz equations and their use in AVO analysis. Geophysics，1999，64：1920－1927

[6] 陈建江，印兴耀，张广智. 层状介质 AVO 叠前反演. 石油地球物理勘探，2006，41：656－662

[7] 张世鑫，印兴耀，张繁昌. 基于三变量柯西分布先验约束的叠前三参数反演方法. 石油地球物理勘探，2011，46：737－743

基于频变地震反射系数的反演及含气性检测

许　多　唐建明　甘其刚　吕其彪

中国石化西南油气分公司勘探开发研究院物探三所，中国石化多波地震技术重点实验

摘　要　碳氢储层像其他沉积岩一样属于流体饱和的孔隙介质，储层的弹性属性可用孔隙介质理论来描述。经典的孔隙介质理论不适合在地震频带做研究，其衰减和速度频散只有在大于Biot特征频率时才变得有意义。而地震波在孔隙介质中传播的渐进方程则可用于在地震频带内计算法向入射反射系数，这个频变的反射系数可用一个无量纲的参数 ε 来表示，ε 可表示为储层流动性参数（即黏滞性的倒数）、流体密度和信号频率的乘积。利用该表达式，对新场气田的实际数据进行了正演计算。从计算的结果，我们观测到了砂岩储层内过渡区的气水界面上反射系数在地震频带内随频率变化的现象。我们利用该研究结果指导了地震反演并产生了相应的含气性检测的地震属性。最后，采用非线性的混沌方法分别反演四川地区的二维和三维地震资料获得了含气性检测属性，过对含气性属性的分析和解释表明，该频变反射系数方法对含流体识别有较好效果，有望成为地球物理方法中一种新的含气性检测方法。

关键词　弹性孔隙介质　法向反射系数　渐进方程　混沌反演　含气性检测

1　引　言

　　碳氢储层像其他沉积岩一样属于流体饱和的孔隙介质，储层的弹性属性可用孔隙介质理论来描述[1,2]。但是，大多数的弹性孔隙理论的研究都集中在对速度频散和衰减的研究，只有极少数的学者对孔隙介质中的平面波的反射系数进行了研究。在本文中，首先，我们利用新场气田收集的岩石物理资料设置了一个气水界面的地球物理模型。然后，在地震频带内，研究了法向反射系数随频率变化的可能性。

　　众所周知，经典的孔隙介质理论（Biot，1956a，b，Dvorkin，1993）不适合在低于100Hz以下的地震频带内做研究[3~5]，其衰减和速度频散只有在大于Biot特征频率时才变得有意义，该特征频率通常为0.1MHz或者更高（Gurevich，2004）[1]。Barenblatt等（1960）提出的双孔隙模型认为裂缝是以不同尺度的渗透率出现的[6]。Pride和Berryman（2003a，b）提出了另一种双孔隙模型，但该模型需要有较大规模的流体流动[7,8]。本文研究的模型合并了Barenblatt模型和Biot弹性孔隙理论，但它的应用不仅限于裂缝储层（Goloshubin，2006，2008）[9~11]，而适用于岩石中有两种或多种尺度的情形。我们知道，孔隙介质任意入射角的反射系数的表达式极其复杂（Denneman等，2002）[12]，但是，如果只考虑地震波的法向入射，则该方程就可以大大地被简化。基于Biot－Barenblatt弹性孔隙模型，Silin和Goloshubin（2006，2010）获得了两种孔隙介质反射界面上的反射和透射系数的渐进表达式，在包括地震频带（10~100Hz）的低频范围内，当平面波法向穿过可渗透界面时，可用该表达式来描述[13,14]。因此，下面我们将研究该法向入射时反射和透射系数公式在气水界面上应用的可能性。

2 基本原理

假设有两个弹性孔隙半空间孔隙介质 a 和 b（见图1），在它们的交界处（$z = 0$）有一可渗透界面，从 $z < 0$ 的半空间有一快纵波垂直入射到界面上，这时，在反射界面上会产生4种类型的波：反射快波（R^{FF}），反射慢波（R^{FS}），透射快波（T^{FF}）和透射慢波（T^{FS}）。[13,14]

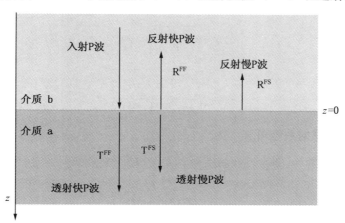

图1　快纵波垂直入射到两种孔隙介质的界面上时的反射与透射

从 $z < 0$ 的半空间入射，在反射界面上会产生4种类型的波：反射快波（R^{FF}）、反射慢波（R^{SS}）、透射快波（T^{FF}）和透射慢波（T^{FS}）。

孔隙介质中，质量和动量守恒暗示了岩石骨架的位移，同时，要求反射界面上流体的达西速度、总压力和流体压力必须是连续的。当地震波垂直入射时，反射界面上反射与透射系数的渐进表达式[14]为

$$R^{FF} = R_0^{FF} + R_1^{FF}\varepsilon \tag{1}$$

$$T^{FF} = T_0^{FF} + T_1^{FF}\varepsilon \tag{2}$$

式中，R_0^{FF}，T_0^{FF}，R_1^{FF} 和 R_1^{FF} 分别为反射系数渐进展开式的零阶项和一阶项；ε 是关于流体的一项综合参数，定义为

$$\varepsilon = e^{i\pi/4}\sqrt{\left|\frac{\rho_f \kappa \omega}{\eta}\right|} \tag{3}$$

该公式是流体密度 ρ_f，流体黏滞系数 η 和渗透率 κ 的一种组合。在这里，我们重新定义了参数 ε，使之与 Silin 和 Goloshubin（2010）定义的参数稍有不同，以便使渐进公式有更直观的线性的表达形式[14]。

在渐进展开式中，零阶的反射和透射系数可表示为

$$R_0^{FF} = \frac{Z_b^{FF} - Z_a^{FF}}{Z_b^{FF} + Z_a^{FF}} \tag{4}$$

$$T_0^{FF} = 1 + \frac{Z_b^{FF} - Z_a^{FF}}{Z_b^{FF} + Z_a^{FF}} \tag{5}$$

这里的 Z 定义为另一种形式的波阻抗，即

$$Z = \frac{M}{v_P} \sqrt{\frac{\gamma_\beta + \gamma_K^2}{\gamma_\beta}} \tag{6}$$

根据（Biot，1962），公式（6）中的参数可表示为[16,17]

$$\gamma_\beta = K \left[\frac{1}{K_f} \phi + \frac{K_g - K}{K_g^2} (1 - \phi) \right]$$

$$\gamma_K = 1 - \frac{K}{K_g} (1 - \phi)^2$$

$$v_P = \sqrt{\frac{K + \frac{4}{3}\mu}{\phi \rho_f + (1 - \phi)\rho_g}}$$

一阶项的反射与透射系数可表示为

$$R_1^{FF} = \frac{Z_b (T_1^{FS} - R_1^{FS})}{Z_b + Z_a} \tag{7}$$

$$T_1^{FF} = \frac{Z_a (R_1^{FS} - T_1^{FS})}{Z_b + Z_a} \tag{8}$$

在这些反射系数中，慢波的反射与透射系数表示为

$$R_1^{FS} = \frac{2 Z_b Z_a}{D(Z_b + Z_a)} \left[\frac{\gamma_{Kb}(\gamma_{Ka}^2 + \gamma_{\beta t})}{\gamma_{Ka}(\gamma_{Kb}^2 + \gamma_{\beta t})} - 1 \right] \tag{9}$$

$$T_1^{FS} = \frac{2 Z_b Z_a}{D(Z_b + Z_a)} \left[1 - \frac{\gamma_{Ka}(\gamma_{Kb}^2 + \gamma_{\beta t})}{\gamma_{Kb}(\gamma_{Ka}^2 + \gamma_{\beta t})} \right] \tag{10}$$

这里

$$D = \frac{1}{\sqrt{\gamma_\kappa}} \frac{M_a}{v_{fa}} \frac{\gamma_{Kb}^2 + \gamma_{\beta t}}{\gamma_{Kb}} \frac{\sqrt{\gamma_{Ka}^2 + \gamma_{\beta t}}}{\gamma_{Ka}} + \frac{M_b}{v_{fb}} \frac{\gamma_{Ka}^2 + \gamma_{\beta t}}{\gamma_{Ka}} \frac{\sqrt{\gamma_{Kb}^2 + \gamma_{\beta t}}}{\gamma_{Kb}}$$

并且 $v_f = \sqrt{M/\rho_f}$，$\gamma_\kappa = \frac{\kappa_a}{\kappa_b}$ 为两种孔隙介质的渗透率比。

3 模型正演及分析

选取了西南的新场气田（Gan 等，2008)[15] 的某储层岩石物理模型参数来进行正演模拟研究（表1），这些数据是从岩石物理和测井数据收集而来。在下面的计算中，假设气水界面的上层孔隙介质和下层孔隙介质的岩石骨架参数是相同的，因此，这里的气水界面可看成一过渡区，而非一确定的反射界面。在新场地区，主要储层是致密砂岩而且渗透率很低，我们计算的目标储层的渗透率在 0.03mD 左右，目的储层主要产天然气，并且多与裂缝有关。当储层中有裂缝存在时，其渗透率将以几十倍或几百倍甚至上千倍的数量增加。因此，在后面的数值模型的计算中，我们设计了两种渗透率参数 0.03mD 和 30mD，渗透率为 30mD 代表有较强裂缝存在的情形。

表1 岩石骨架和孔隙流体属性参数

	K_g (GPa)	K (GPa)	μ (GPa)	ϕ	κ (mD)	ρ_g (kg·m⁻³)
砂岩	38	24.1	16.6	0.10	0.03 or 30	2650

（2）孔隙流体参数

	K_f (GPa)	ρ_f (kg·m⁻³)	η (Pa·s)			
水	2.22	1000	0.001			
气	0.0001	140	1.0×10^{-5}			

表中，K_g 为固体颗粒的体积模量；K 为孔隙介质的体积模量；μ 为剪切模量；ϕ 为孔隙度；κ 为渗透率；ρ_g 为固体颗粒的密度；K_f 为流体体积模量；ρ_f 为流体密度；η 为稳定态的剪切黏滞系数。

用方程（1）计算了新场气田某气水界面上的反射系数，在公式（1）中，因为 ε 是频率 ω 的函数，因此，反射系数随频率变化。图2中的曲线代表地震波法向入射时，气饱和与水饱和孔隙介质的界面上频率随反射系数的变化，从图2a可见，当渗透率很低（0.03mD）时，气水界面上的反射系数随频率的变化很小。然而，在新场地区当储层中有裂缝存在时，渗透率将会急剧增加，当介质中裂缝强度较大时，渗透率将增加2个甚至3个数量级。当渗透率增加到30mD时，在地震频带内反射系数随频率有大约1%的变化（图2b）。

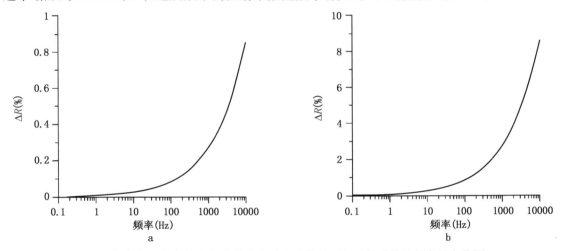

图2 新场气田的气饱和与水饱和孔隙介质的界面上反射系数随频率的变化图
a—渗透率 $\kappa=0.03$mD；b—渗透率 $\kappa=30$mD

我们知道，基于Biot的孔隙理论的频散和衰减都不可能在地震频带内发生，但是，地震波法向入射时的反射系数的渐进表达式却能很好地在地震频带内工作，其中，最关键的因素是在渐进方程的推导中，考虑了流体流动中的动态和非平衡效应（Silin 和 Goloshubin，2010），并修改达西定理为[14]

$$W + \tau \frac{\partial W}{\partial t} = -\frac{\kappa}{\eta}\left(\nabla p + \rho_f \frac{\partial^2 u}{\partial t^2}\right) \tag{11}$$

式中，W 表示流体相对于骨架的达西速度；τ 是时间尺度的参数；p 是流体压力。在修改的达西定理中附加项 $\tau\partial W/\partial t$ 代表了流体流动中的动态与非平衡关系。该修改的达西定理等价于 Johnson（1987）、Cortis（2002）、Carcione（2003）等人对周期性震荡流的动态渗透率的线性化描述。但是，本文中的渐进表达式的数学表达却更为简单，并且更有利于在实际中应用。基于本文讨论的渐进模型，在两个孔隙介质的反射面上，增加主频将放大反射系数随频率的变化的响应。因此，对像新场气田这样低渗透率的储层中气水界面的反射系数随频率变化小的问题，在一定程度上，可通过高分辨率地震勘探和高保真的地震反 Q 滤波扩展其地震频带来得到解决[15]。

4 地震反演及应用实例

4.1 混沌反演

图 2 中，我们见到了明显的反射系数随频率的变化，这为利用公式（1）进行反射系数的反演提供了依据，重写公式（1）为[18]

$$R^{FF}(\omega) = R_0^{FF} + C_1(1+\mathrm{i})\sqrt{\omega} \tag{12}$$

这里的常数 $C_1 = R_1^{FF}\sqrt{\left|\dfrac{\rho_f\kappa}{2\eta}\right|}$，该系数与储层流体的流动性（黏滞系数的倒数）流体的密度和流体的渗透率成正比。

在本文中，我们采用混沌优化算法来对参数 R_0^{FF} 和 C_1 进行反演，反演的目标函数定义为

$$J = \sum_\omega \left[R^{FF}(R_0^{FF}, C_1, \omega) - R_{\mathrm{obs}}(\omega)\right]^2 \tag{13}$$

这里 R_{obs} 是频率域的观察数据，其中的 R_0^{FF}、C_1 为反演参数。

混沌是一种普遍的非线性现象，具有随机性、遍历性和内在规律性的特点。它的遍历性被作为一种机制引入到全局寻优的计算中，可有效地避免局部寻优的陷阱。

混沌优化算法是一种搜索优化随机变量 x 的非线性算法，x 由 Logistic 映射方程产生，即

$$x^{(k+1)} = \mu x^{(k)}(1 - x^{(k)}) \tag{14}$$

式中，k 是迭代次数；μ 是控制随机行为的常数；如果 $3.569 \leqslant \mu \leqslant 4$，随机变量 x 就是混沌的。在我们的反演中，设置 $\mu = 4$，无量纲的 x 的值范围为（0，1）。但迭代中需要剔除三个不动点（0.25，0.5，0.75），如果需要反演 n 个未知参数 $\{x_i, i=1, 2, \cdots, n\}$，只需简单地对每一个参数 x_i 设置不同的初始值。

对每一次迭代 k，首选需要给定在（0，1）中的任何的随机变量 $x_i^{(k)}$，然后将其投影到实际的物理空间中，计算其实际值的大小为

$$\hat{x}_i^{(k)} = a_i + (b_i - a_i)x_i^{(k)} \tag{15}$$

式中，$\hat{x}_i^{(k)}$ 是模型空间中实际的参数；$\hat{x}_i^{(k)}$ 的范围为 $[a_i; b_i]$。在每一次迭代中，目标函数中的所有 n 个参数 $\{\hat{x}_i^{(k)}, i=1, 2, \cdots, n\}$ 将同时被修改，通过多次迭代，最后找到使目标函数最小化的解。

4.2 应用实例

图 3a 是一张新场气田的地震剖面，储层相对较浅，波阻抗较低，该剖面过 2 口井 A 和

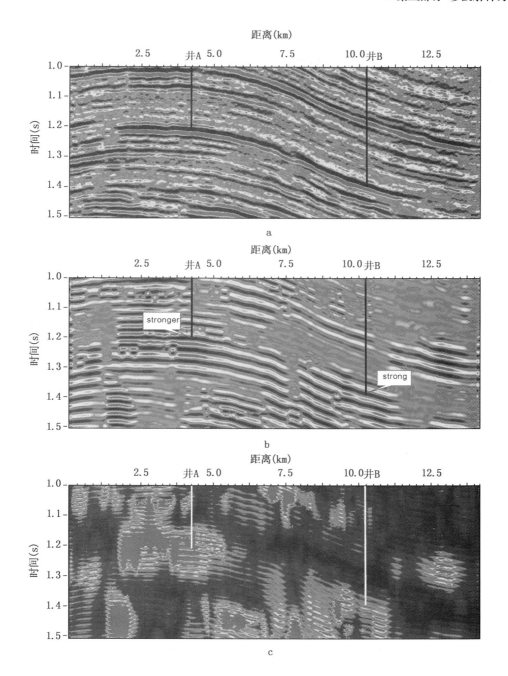

图 3 新场某连井剖面的含气性检测图

a—新场气田过井 A 和井 B 的连井剖面；b—用混沌优化算法反演的 C_1 属性剖面；

c—$C_i^2 \triangle | C_1 |$ 属性剖面。参见附图 20

B，图中井标示线的末端为储层，A 井产气 B 井产水。图 3b 是反演的 C_1 剖面，但该属性剖面与图 3a 有明显不同的特征，在图 3a 的地震剖面上，很难发现井 A 和井 B 在储层处的差异。但是在图 3b 中，我们却能观察到储层处的明显的不同：（1）A 井储层处振幅比 B 井处

明显增强。（2）A井和B井储层处的振幅能量均比其他地方强。这里，大的C_1值代表储层有较强的流体流动性，当储层有气或者水存在时，C_1的振幅将会变大。另外，A井处相对较强的振幅指示了储层中天然气的存在。为了突出属性C_1的变化，计算了一种加权属性$C_1^2\Delta|C_1|$，这里的$\Delta|C_1|$是相邻两个样点的$|C_1|$绝对值的差。图3c为该属性剖面，从图3c可看出含气储层的响应比含水储层的响应更加清楚。总之，C_1较强的振幅值指示了流体（气或水）流动性的存在，$C_1^2\Delta|C_1|$的强振幅指示了气的存在。

利用上述方法进行了新马什邡地区三维地震资料的反演应用。图4为新马什邡地区JP23储层的含气性检测分布图，该平面图中分布有近40口的已知井，其中无产能井4口，含气性井位基本都在含气性检测的有利区，非含气性井也落在非有利区。尽管有部分井与实际不相符合，但总的属性平面图与已知井吻合率较高，产气井与干井的吻合率达80％，sf20高产能在平面图的高异常区与实际吻合较好。

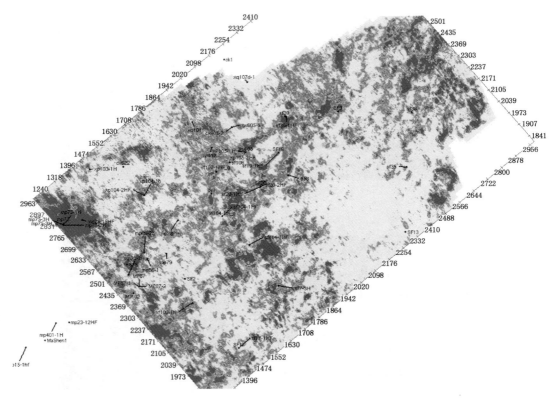

图4　新马什邡地区JP23含气检测异常图

参见附图21

图5为新马什邡地区JP25的含气性检测分布图。该储层有已知井15口，其中无产能井3口，钻井测试资料较少，含气性吻合率75％左右，总的异常分布与含气性检测结果吻合。其中，什邡101－1H为干井，平面图上其四周都是高值异常，但该井位置处于无异常的空白区，与实际吻合较好。

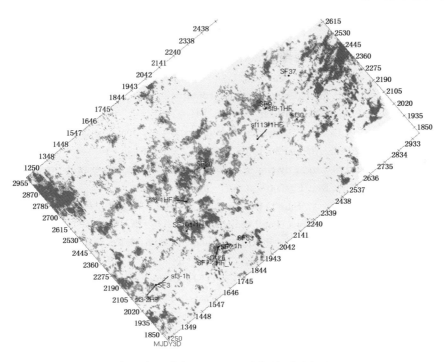

图 5 新马什邡地区 JP25 含气检测异常图

参见附图 22

5 结 论

（1）在地震勘探频带内，利用地震反射的渐进方程计算气水界面上的法向反射系数是可行的。该反射系数可表示成为对无量纲参数 ε 的幂级数，该无量纲参数为储层流体流动性、流体密度和信号频率的乘积，该反射系数的表达式结构为利用频变地震反演而产生频变地震属性提供了很好的契机。

（2）我们的研究表明，在像新场气田这样低渗透率的超致密砂岩储层中，气水界面上反射系数随频率变化的现象在地震频带内仍然能够被观察到。

（3）通过频变反射系数含气性非线性反演，获得了二维和三维地震资料含气性检测属性，过对含气性属性的分析和解释表明，该频变反射系数方法对含流体识别有一定的效果，进一步研究有望成为地球物理方法中一种新的含气性检测方法。

参 考 文 献

［1］ Gurevich B，Ciz R，Denneman A I M. Simple expressions for normal incidence reflection coefficients from an interface between fluid－saturated porous materials. Geophysics，2004，69：1372－1377

［2］ 许多，甘其刚，唐建明等．利用频变地震反射系数识别含气储层．西南石油大学学报（自然科学版），2012，34（2）：37－42

［3］ Dvorkin J and Nur A. Dynamic poroelasticity：a unified model with the squirt and the Biot mechanisms. Geophysics，1993，58：524－533

［4］ Biot M A. Theory of propagation of elastic waves in a fluid－saturated porous solid，I：low－frequency range. J. Acoust. Soc. Am. ，1956，28：168 178

［5］ Biot M A. Theory of propagation of elastic waves in a fluid－saturated porous solid，II：higher frequency range. J. Acoust. Soc. Am. ，1956，28：179－191

［6］ Barenblatt G I，Zheltov I P and Kochina I N. Basic concepts in the theory of seepage of homogeneous liquids in fissured rocks. J. Appl. Math. Mech. ，1960，24：1286－303

［7］ Pride S R and Berryman J G. Linear dynamics of double－porosity dual－permeability materials，I：Governing equations and acoustic attenuation. Phys. Rev. E，2003，68：1－10

［8］ Pride S R and Berryman J G. Linear dynamics of double－porosity dual－permeability materials，II：Fluid transport equations. Phys. Rev. E，2003，68：1－10

［9］ Goloshubin G M，Korneev V A，Silin D B，Vingalov V M and van Schuyver C. Reservoir imaging using low frequencies of seismic reflections. The Leading Edge，2006，25：527－531

［10］ Goloshubin G，Silin D，Vingalov V，Takkand G and Latfullin M. Reservoir permeability from seismic attribute analysis. The Leading Edge，2008，27：376－381

［11］ Denneman A I M，Drijkoningen G G，Smeulders D M J and Wapenaar K. Reflection and transmission of waves at a fluid/porous－medium interface. Geophysics，2002，67：282－291

［12］ Silin D B，Korneev V A，Goloshubin G M and Patzek T W. Low－frequency asymptotic analysis of seismic reflection from a fluid－saturated medium. Transp. Porous Media，2006，62：283－305

［13］ Silin D B and Goloshubin G M. An asymptotic model of seismic reflection from a permeable layer. Transp. Porous Media，2010，83：233－256

［14］ Gan Q，Xu D，Tang J and Wang Y. Seismic resolution enhancement for tight－sand gas reservoir characterization. Journal of Geophysics and Engineering，2009，6：21－28

［15］ Biot M A. Mechanics of deformation and acoustic propagation in porous media. Journal of Applied Physics，1962，33：1482－1498

［16］ Lorenz E. The Essence of Chaos. Seattle：University of Washington Press，1993

［17］ Xu Duo，Wang Y，Gan Q，and Tang J. Frequency－dependent seismic reflection coefficient for discriminating gas reservoirs. Journal of Geophysics and Engineering，2011，8：508 513

［18］ 许多，唐建明等. 地球物理反演中的高效混沌优化改进算法. 天然气工业，2007，27（5）：58－60

基于地震波频率衰减属性的含气性
检测技术研究及应用

郑公营　许　多

中国石化西南油气分公司勘探开发研究院物探三所，中国石化多波地震技术重点实验

摘　要　地震波散射能量的研究表明：如果岩石中含有油气，将会导致地震波在其中传播能量的衰减。由于高频能量衰减比低频能量快，这就降低了接收到的主频信息，这些不规则的衰减对烃类指示非常有用。本文分析了地震波的衰减原理并导出了地震波衰减属性的计算方法。利用该方法计算了德阳北三维蓬莱镇组地震波频率信息的衰减梯度等属性并进行了解释和分析，其结果显示衰减属性的平面展布与钻井吻合较好，该方法是一种值得推广应用的方法。

关键词　频率衰减属性　吸收系数　小波变换　衰减梯度　流体识别

1　引　　言

地震波衰减是地震波在地下介质中传播时总能量的损失，是介质的内在属性[1]。油气储层实际上是多相的，或者至少是双相的，即固相的具有储集空间的岩石骨架和流相的油、气、水。引起地震波衰减的因素主要有内部和外部两种[2]：内部因素主要是介质中固体与固体、固体与流体、流体与流体界面之间的能量损耗；外部因素主要是球面扩散、大尺度的不均匀性介质引起的散射，层状结构地层引起的反射和透射等。这种不均匀性介质的尺度等于或大于地震波长时，外部因素占主导地位。还有一些其他因素，如薄层调谐、横向波阻抗和岩性变化等。不同岩性对地震波的吸收程度也不同，地层的吸收越强，地震波的高频成分衰减得越快[3,4]。根据地层吸收性质与岩相、孔隙度、含油气成分等的密切关系，可以预测岩性，在有利条件下可直接预测油气的存在。频率吸收衰减是地震波频谱分析技术中的一个重要属性特征。理论研究表明，与致密的地质体相比，当地质体中含流体（如水、油或气）时，都会引起地震波能量的衰减，尤其是高频成分。因此，当孔隙比较发育、含有流体充填时，其地震波频率衰减梯度就要增加，在地震记录振幅谱上表现为"低频共振、高频衰减"的特征（图1），这构成了频率衰减属性油气检测的基础。

2　基本理论

2.1　频率衰减理论基础

根据黏滞弹性理论可知，由均匀的非完全弹性介质所产生的吸收作用，将使地震波的振幅随着地震波传播距离的增大而呈指数形式衰减[5]，即

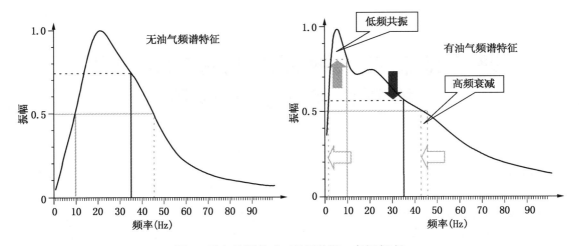

图1 油气检测基础（低频共振、高频衰减）

$$A = A_0 e^{-\alpha x} \tag{1}$$

式中，A 为地震波传播一定距离后的振幅；A_0 为地震波的初始振幅；α 为吸收系数；x 为地震波传播距离。

在地震波频带宽度范围内，α 和频率 f 成正比关系，$\alpha = \alpha_0 f$。因此式（1）可转化为

$$A = A_0 e^{-\alpha_0 fx} \tag{2}$$

不同岩性的吸收系数存在很大的差别，砂岩层的吸收系数比页岩层和石灰岩层的吸收系数大，因此，地震波经过一段距离的传播后，其振幅衰减比较剧烈。尤其是当地层裂缝中充填了油气时，高频振幅衰减就更加剧烈，这是应用频率衰减属性来预测地层含油气性的理论基础。

2.2 小波变换及相空间瞬时振幅谱

频谱分析通常采用离散傅里叶变换，该方法存在着明显的局限性，因为估算的地震振幅谱的重要特征是所选时窗长度的函数。如果所选时窗过短，会使地震子波的旁瓣呈现为单一反射的假象。如果所选时窗过长，很难分清单个反射的振幅谱特征，使振幅谱的估算产生偏差。以小波变换为基础的时频分析技术成为了非平稳信号的重要分析工具，以小波变换为基础的瞬时谱分析能得到精确的时频分析结果，同时避免了时窗问题[6]。

利用小波变换方法，可以把地震记录变换到时频域，得到能够体现能量在时频域的分布规律的瞬时振幅谱。目的储层由裂缝、含油气性等因素引起的频率变化（高频衰减或干涉）可以在瞬时振幅谱或各种瞬时振幅谱属性中准确反映出来。近年来发展起来的相空间瞬时属性计算方法，计算精度高，抗噪能力强，实际应用中取得了较好的效果[7]。

信号 $s(t)$ 的连续小波变换定义为

$$S(b,a) = \frac{1}{\sqrt{a}} \int_{-\infty}^{\infty} s(t) \psi^* \left(\frac{t-b}{a} \right) \tag{3}$$

式中，$\psi^* \left(\dfrac{t-b}{a} \right)$ 为 $\psi \left(\dfrac{t-b}{a} \right)$ 的共轭；b 为平移参数；a 为尺度参数。定义尺度 a 意义上的瞬

时振幅为

$$A(b,a) = \sqrt{\{\mathrm{Re}[S(b,a)]\}^2 + \{\mathrm{Im}[S(b,a)]\}^2} \qquad (4)$$

式中，$\mathrm{Re}[S(b,a)]$、$\mathrm{Im}[S(b,a)]$ 分别为 $S(b,a)$ 的实部和虚部。式（4）表示在任意时刻 b，不同尺度 a 的瞬时振幅构成该时刻的瞬时振幅谱。在地震信号处理中广泛应用的小波函数是 Morlet 小波，因为它在时间域和频率域均具有良好局部化特征[8]。

2.3 瞬时频率域衰减属性

通常从瞬时振幅谱提取主极值频率、优势频宽、衰减梯度、衰减频宽、低—高频能量比及指定能量比所对应的频率等衰减属性。对各种瞬时频域衰减属性进行对比分析，优选出了衰减梯度和指定能量比所对应频率两种含气性检测敏感属性。

2.3.1 衰减梯度

衰减梯度因子的计算是截取一段频率进行曲线拟合，求其斜率。通常在小波变换域提取信号的衰减属性，这样既可以保证提取信号的衰减属性有较强的抗噪能力，又能分析不同尺度上的瞬时属性。具体的做法有两种：

一是在瞬时振幅谱上寻找最大能量点（f_1, E_1）以及随着频率增加振幅衰减的极小点或拐点（f_2, E_2），在该频段上振幅谱的斜率，即为衰减梯度（AG），见图 2a。衰减梯度（AG）可表示为

$$AG = \frac{E_2 - E_1}{f_2 - f_1} = \frac{\Delta E}{\Delta F} \qquad (5)$$

二是首先对每道地震记录做时频分析，在时频剖面上把检测到的最大能量频率作为初始衰减频率，再计算 65％ 和 85％ 的地震波能量对应的频率范围内，根据频率对应的能量值，拟合出频率与能量的衰减梯度，得到振幅衰减梯度因子，见图 2b。

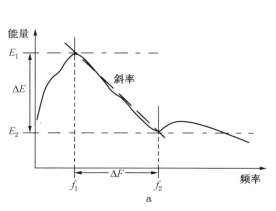 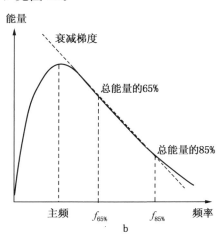

图 2　衰减梯度计算方法

a—利用瞬时振幅谱计算；b—利用指定能量比频率范围拟合

衰减梯度描述地震波高频段能量随频率增加而衰减的快慢程度。如果存在裂缝、油气等衰减因素，衰减梯度的绝对值增大。

2.3.2 指定能量比对应的频率

设指定能量比为 $a\%$，瞬时振幅谱有效频段（f_1，f_2）内的总能量比 E_{total}，从有效频段的起始频率 f_1 开始，在有效频段范围内搜索累积能量 E_{cum} 达到总能量 E_{total} 的 $a\%$ 时所对应的频率 $f_{a\%}$，见图 3。

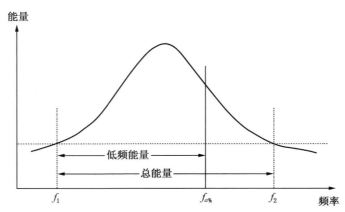

图 3 利用瞬时振幅谱计算指定能量比所对应频率的原理

如果存在裂缝、油气等衰减因素，能量集中在低频段，则指定能量比所对应的频率将减小。经试验，取指定能量比为 85％时，反映的属性异常与钻井资料吻合。

3 应用实例

川西坳陷陆相沉积领域中浅层天然气藏属近常规到致密砂岩远源气藏，天然气储层具有分布广、多层系、薄互层、非均质、超低孔渗、高含水饱和度、孔隙结构复杂、致密或超致密、高速、高压等特点。目前在川西坳陷浅、中层已发现多个气藏，如新场气田的蓬莱镇组气藏和上沙溪庙组气藏。由于这些气藏埋深浅、储层品质好、产量高、勘探开发技术成熟，再加上建产成本低、周期短、效益好，因此自然成为川西坳陷浅、中层的主力气藏[9]。

基于德阳北三维地震资料，利用上述方法对川西坳陷德阳北地区蓬莱镇组提取了衰减梯度属性和指定能量比为 85％时的频率属性，分析了含气储层的吸收衰减特征和含气储层对高频信息的影响。

图 4a，b 分别为不产气井 SF103 井旁道振幅谱和产气井 SF20 井旁道振幅谱，从振幅谱上我们可以看到，明显的"低频共振、高频衰减"现象，这为我们用频率衰减属性进行流体识别奠定了基础。

图 5 为从三维地震资料抽取的连井地震剖面，蓬莱镇组为主要目的层，JP23 砂层及上下砂层为主要产气层。由于川西坳陷属于非常规的致密碎屑岩岩性油气藏，裂缝尺度小，我们不能用常规的方法寻找背斜、断层等有利构造来直观地识别储层，并且砂泥岩波阻抗相互重叠，常规波阻抗反演方法也不容易区分。而频率衰减属性弥补了这些不足。

图 6 为提取的衰减梯度属性连井剖面。由图可见测试产能在 $2\times10^4\mathrm{m}^3/\mathrm{d}$ 以上的天然气井 CX605 井、XP105 井、SF20 井、SF8 井，反映为强衰减梯度异常；SF21 井和 SF19 井在

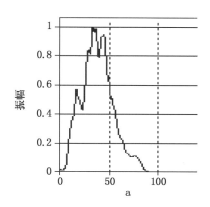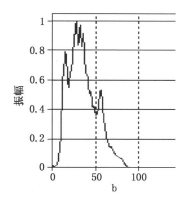

图4 SF103井旁道振幅谱图（a）和SF20井旁道振幅谱（b）

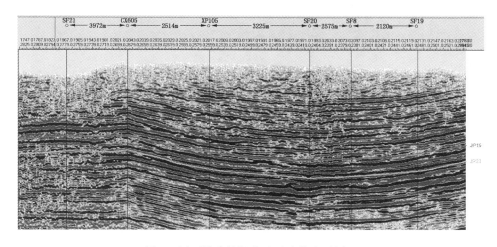

图5 川西坳陷德阳北地区连井地震剖面
参见附图23

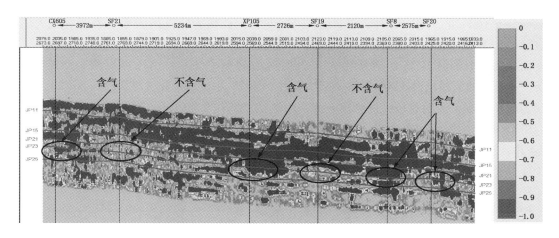

图6 川西坳陷德阳北地区连井地震衰减梯度属性剖面
参见附图24

JP23 层无测试产能，反映为很低的吸收衰减异常。

图 7 为提取的沿 JP23 层衰减梯度属性切片，由图可见测试产能在 $2 \times 10^4 m^3/d$ 以上的天然气井 MP75 井、CX605 井、XP105 井、SF20 井、SF8 井、SF26 井、SF23 井，均反映为强衰减梯度异常；而测试产能在 2 万方/天以下的 SF9 井、SF19 井、SF17 井有相对较低的衰减梯度异常；无产能的 XP103 井、SF21 井、SF16 井、SF10 井、SF13 井、SF7 井没有或者只有很低的衰减梯度异常。而 XP101 井也有比较强的衰减梯度异常，不过此井测试产水。

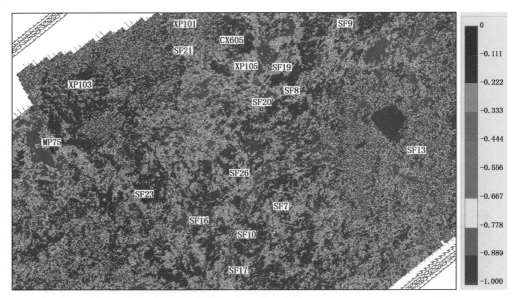

图 7　川西坳陷德阳北蓬莱镇组 JP23 层地震衰减梯度属性切片
参见附图 25

图 8 为提取的能量比为 85％ 的频率连井剖面。由图可见测试产能在 $2 \times 10^4 m^3/d$ 以上的天然气井 CX605 井、XP105 井、SF20 井、SF26 井，反映为较低的频率，表明有较大的频率衰减；SF17 井在 JP23 层无测试产能，反映为较高的频率，表明有较低的频率衰减。

图 9 为提取的沿 JP23 层能量比为 85％ 时对应的频率切片，由图可见测试产能在 $2 \times 10^4 m^3/d$ 以上的天然气井 CX605 井、XP105 井、SF20 井、SF8 井、SF26 井、SF23 井，均反映为较低频率，证明有较大的频率衰减；而测试产能在 $2 \times 10^4 m^3/d$ 以下的 SF9 井、SF19 井、SF17 井有中等的频率，有中等的频率衰减；无产能的 XP103 井、SF21 井、SF16 井、SF10 井、SF13 井、SF7 井显示为频率较高，没有或者只有很少的频率衰减。而产水的 XP101 井也显示为很小的频率衰减，这在衰减梯度切片上没能区分含气或含水。

4　结　　论

通过对川西坳陷德阳北浅层储层的衰减分析认为：含油气储层的衰减属性与振幅属性总体上呈正比关系，但衰减属性能较好地描述含油气储层，利用两种属性技术手段联合开展预

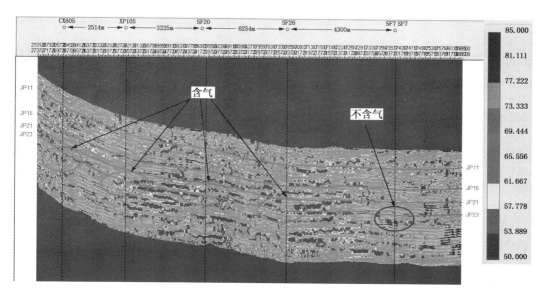

图 8 川西坳陷德阳北地区连井地震能量比为 85％时对应的频率剖面

参见附图 26

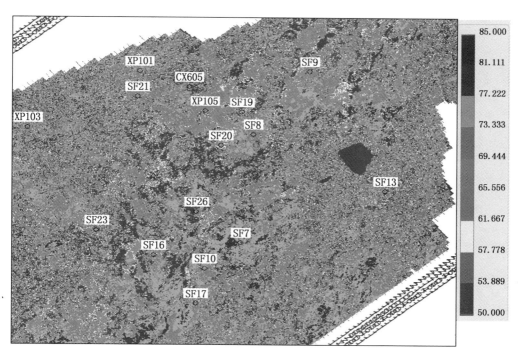

图 9 川西坳陷德阳北蓬莱镇组 JP23 层地震能量比为 85％时对应的频率切片

参见附图 27

测往往能达到较准确的预测结果。总之，吸收衰减是一个地层各方面综合作用的结果，具体的判断应尽量在考虑多个因素作用的同时，逐个排出，得到由单一作用引起地层吸收衰减系数的变化。从而较准确地圈定油水界面以及油气的分布范围。

参 考 文 献

[1] 李振春，王清振．地震波衰减机理及能量补偿研究综述．地球物理学进展，2007，22（4）：1147 － 1152

[2] 黄中玉，王于静，苏永昌．一种新的地震波衰减分析方法——预测油气异常的有效工具．石油地球物理勘探，2000，35（6）：768 － 773

[3] Varcla C L．频散与衰减模拟．石油物探译丛，1994，（3）：29 － 36

[4] 吴如山，安艺敬一．地震波的散射与衰减．北京：地震出版社，1993

[5] 张景业，贺振华，黄德济．地震波频率衰减梯度在油气预测中的应用．勘探地球物理进展，2010，33（3）：207 － 211

[6] 周长友，李瑞，杨帆等．基于小波变换的频率衰减梯度属性含气性检测．石油化工应用，2010，29（11）：59 － 62

[7] 喻岳钰，杨长春，王彦飞．瞬时频域衰减属性及其在碳酸盐岩裂缝检测中的应用．地球物理学进展，2009，24（5）：1717 － 1722

[8] 徐天吉，程冰洁，李显贵．频率与多尺度吸收属性应用研究——以川西坳陷深层气藏预测为例．石油物探，2009，48（4）：390 － 395

[9] 唐建明，杨军，张哨楠．川西坳陷中、浅层气藏储层识别技术．石油与天然气地质，2006，27（6）：879 － 894

页岩气地球物理预测与评价方法技术探讨

李曙光　徐天吉　唐建明

中国石化西南油气分公司勘探开发研究院物探三所，中国石化多波地震技术重点实验

摘　要　页岩气是中国新能源战略的重点方向。目前中国的页岩气勘探开发刚刚起步，对于页岩气层的地球物理特征及地球物理勘探方法研究甚少。本文讨论了国内外页岩气地球物理研究的现状及发展方向，根据页岩易脆、性软的特性，对页岩气的岩石物理基础进行了分析，提出了地球物理技术在页岩气预测及评价中的几个主要作用及方法，为页岩气的地球物理勘探提供了思路。

关键词　页岩气　地球物理　储层识别　裂缝

1　引　　言

页岩气是一类资源量十分丰富、勘探开发潜力极大的非常规天然气。目前，对于非常规天然气的界定，尽管学者们尚未取得一致的意见，但普遍认为非常规天然气体系应包括裂缝页岩气（FSG）、致密砂岩气（TGS）、盆地中心气（BCG）、浅层甲烷气（SBM）、煤层气（CBM）和天然气水合物（GH）。页岩气（Shale Gas 或 Gas Shale）是储量最大、极具勘探开发潜力的重要类型之一。近年来，北美地区的勘探实践已经证实，页岩气资源十分丰富、分布非常广泛。正是在北美地区（主要是美国）页岩气的成功勘探开发的启示和影响下，这类天然气资源成为当今油气勘探开发的热点。总体而言，近几年页岩气在非常规天然气中异军突起，已经成为全球油气勘探开发的新亮点；然而，在页岩气的成藏认识、资源评估、勘探开发等方面尚存在诸多难题，资源获取难度极大。在这样的背景下，与页岩气相关的理论、方法、技术成为了该领域研究的前沿课题。

2　页岩气的地球物理研究现状及方向

页岩气作为当今油气藏勘探的前沿领域，日益成为石油天然气勘探开发研究的热门课题。2008 年 4 月在美国召开的 AAPG 国际会议上，页岩气成为本次会议的焦点，相关的论文达到 50 多篇。其研究内容涉及页岩层实验样品分析、地震特征、沉积层序、页岩气的生成和保存以及页岩气钻井及工业开采技术等各个方面。SEG 于 2011 年 3 月在成都开了一次页岩气技术交流会；*The Leading Edge* 于 2011 年第 3 期出了一期针对页岩气的专辑，共有 9 篇技术文章，主要内容包括页岩的各向异性分析、岩石物理测试、层序地层与地震岩石力学等几个方面；EAGE 于 2011 年 6 月在成都开了一次页岩气技术交流会；*First Break*（2011）第 5 期刊登了一期针对非常规油气的专辑。可见，页岩气在业界备受关注的程度极高。

在美国、加拿大等页岩气的勘探开发实践中，油气田的开发周期主要包括5个阶段，即资源评估、勘探启动、早期开采、成熟开采和产量递减阶段。涉及的技术涵盖与地质、地球物理、地球化学等多学科交叉的资源评价技术及测井、钻井与完井、储层改造与动态监测等开发技术。总体而言，针对页岩气的综合地质研究主要包括如下几个方面：

（1）研究含气页岩发育的地质条件、沉积相及沉积特征（如地质构造、地层、页岩体的大小、厚度、形态、连续性等）；

（2）页岩气的产层特征研究，包括渗透率、孔隙度和气水饱和度的室内测定；利用测井资料（包括常规和非常规测井资料）求取 K、ϕ、S_g、S_w 等参数；研究孔隙结构非均质性对含气性的影响；页岩地球化学参数的测定，矿物组分（硅质含量、钙质含量、黏土含量）的分析；总有机碳、热成熟度、干酪根类型的测定及其对含气量的影响研究；吸附气和游离气含量分析；页岩气成因研究（热成因和生物成因气）；

（3）页岩气含油气系统研究（包括天然气的生成、运移、聚集及圈闭）；

（4）研究裂缝的成因、分布、矿物充填情况和诊断技术及其对页岩气储量和产能的影响；

（5）异常压力研究，如异常压力成因机制及其与含气性之间的关系，异常压力对页岩气的勘探意义；

（6）地质人员与工程技术人员协同，研究和试验页岩气的产层改造和增产措施；

（7）研究煤层气、致密砂岩气与页岩气生、储、运之间的某些相关关系；

（8）开辟先导性试验区，进行多种试验和多学科研究；

（9）开展原地地下应力和岩石力学性质的研究（包括地应力的大小、方向，页岩的弹性模量、泊松比及脆性或弹性），以便更好地设计钻井方案、实施增产措施和预测裂缝几何形态；

（10）页岩气资源量和储量综合评价方法和计算方法研究。这些研究，基本反映了目前情况下对页岩气地质综合研究及应用的主要方向。

就地球物理学而言，地震技术在油气勘探开发中是一种非常有效的工具，已得到广泛应用，但在页岩气前期勘探开发中，三维地震应用较少。主要原因是经营者认为页岩气属于非常规连续型气藏，分布广，勘探成功率较高（勘探成功率近90%），并且总体上与构造关系不密切。但近些年来，随着页岩气勘探开发不断深入，不少公司应用三维地震技术来查明页岩气产区的断层和裂缝发育状况、地层厚度变化、侧向连续性及页岩的特性，进而确定高产带的位置，即所谓的"甜点"。越来越多的经营者认识到要降低页岩气的勘探风险、提高勘探成功率、增加储量，采用三维地震技术不可避免。如美国西南能源公司在阿科马盆地的Fayetteville页岩气远景区开展三维地震调查，2007年底估计三维地震调查面积为400mile^2。目前，该公司所有钻井地区都经过三维地震调查证实。另外，应用三维地震数据检查非常规气藏中裂缝，在加拿大阿尔伯达Mannville煤层气、页岩气和美国怀俄明州Pinedale气田的致密气砂岩中都获得了良好的效果。

目前，有的页岩气开发区（如Barnett页岩气）还采用三维地震技术设计水平井的井眼轨迹。采用该技术作业者可将页岩区的钻井扩大到原先被认为无产能、含水且位于页岩下方的喀斯特白云岩区域。

运用地震勘探技术来检测页岩中的天然裂缝分布也被研究人员越来越多地涉及。G. Pekarek等（2008）对根据三维地震数据和井眼信息检测泥页岩中天然裂缝分布的方法作了综合性评价，他提出的检测页岩裂缝技术的方法主要有：（1）利用多方位角的地震数据检测天然裂缝系统。根据分方位角和全方位角道集的对比和应用，研究页岩的各向异性特征，以及页岩地应力场情况，达到检测页岩天然裂缝发育的目的。（2）利用转换波地震勘探进行天然裂缝检测。通常，横波遇到裂缝或不同的地应力时，其敏感性强于纵波。因此，可利用转换波的振幅信息，以及获取的纵波和横波速度比等参数，来解释页岩裂缝发育。

　　总体来说，世界上页岩气资源量巨大，具有极大的勘探开发潜能。美国、加拿大等几个先进国家已取得了页岩气资源研究和勘探开发的宝贵经验。页岩气的成功勘探开发除进行和运用精细地质研究、三维地震技术、测井技术外，水平井和水力压裂技术是开发页岩气的两大支撑技术。纵观页岩气发展史，业内人士认为，技术上的不断进步是推进美国页岩气快速发展的关键。早期页岩气勘探开发的难点重在工程技术问题，页岩气勘探开发的地球物理技术应用发展相对滞后。随着页岩气勘探对象逐步复杂（如埋藏越来越深、构造情况不再简单），勘探成本及勘探风险更是升高。页岩气产量较低、开采周期较长，一般需经过水力压裂才能获得工业产能，因此勘探开发中寻找和确定孔渗性相对较高、裂缝相对发育层带即所谓的"甜点"是提高这类气藏勘探成功率和降低成本的重要环节。在目前的经济技术条件下，确定页岩气的富集带难度较大，在勘探开发中仍需不断改善和开发先进的技术才能提高经济效益。为了降低勘探开发风险，准确评价各项经济技术指标，页岩气地震勘探技术的深入研究及应用已成为一种趋势。目前国际上大的石油技术服务公司（如斯伦贝谢公司）及科研机构，已展开了这方面的深入研究。预计在未来的数年内，随着世界范围内页岩气勘探开发的推进，页岩气对地球物理勘探技术需求的增加及深入，将促使一场页岩气地球物理技术的大发展、大繁荣。

3　页岩气岩石物理特征

　　岩石物理技术是地球物理研究的基础。由于页岩易脆、性软，岩石物理测定有一定的困难，但测试技术和方法基本是成熟的。我国页岩气资源的勘探开发是一个全新的课题，国内页岩气方面实验分析力量比较薄弱，实验数据结果差距较大，更无法与国外页岩气评价参数作对比。中国石油勘探开发研究院廊坊分院为国内相对权威的国家能源页岩气研究（实验）中心，目前国内许多页岩气的研究都以该院提供的分析数据为准。因此，针对页岩与传统测试岩石之间的差异，建立完善一些岩石物理测试配套的辅助保障措施及方法，以及对页岩岩石物理测定结果进行可靠性评估，是页岩气勘探开发中必须面对的问题之一。

　　页岩的岩石物理测定需要在运动学和力学实验技术方面进行攻关，要完善页岩气储层电学及声学特征实验技术，完善页岩气储层的岩石物理实验手段。如图1所示，是进行页岩各向异性参数测试三方向采样示意图，页岩各向异性岩石物理参数的实验获取，对于页岩气储层的地震预测及页岩气开发工程参数的预测具有重要的意义，该方法的实验技术及实验方法需要逐步完善。

　　页岩本身既是烃源岩又是储层，其有机质含量一般为普通烃源岩的10～20倍，在4%～30%之间。天然气的生成主要来源于生物作用和热成熟作用或两者的结合，它以多种状态存在于页岩中，少数为溶解状态天然气，大部分以吸附状态赋存于岩石颗粒和有机质表面，或以游离状态赋存于孔隙和裂缝之中，如图2所示。

　　页岩气有着与传统砂岩天然气完全不一样的储层结构，因而在页岩气的岩石物理建模问

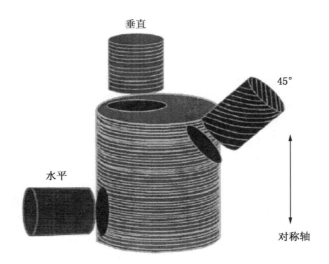

图 1　页岩各向异性参数测试三方向采样示意图

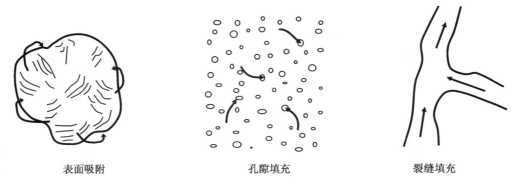

图 2　天然气在页岩储层中的存在形式

题上，出现了许多新的问题。传统的砂岩气储层，一般可以将其看作双相介质，即储层由填充流态的孔隙以及固态的岩石骨架组成，天然气主要以游离的形式存在于岩石孔隙之内，吸附气的问题基本上不与考虑。而对于页岩储层而言，问题要复杂得多。首先，页岩内含有大量的有机质，有机质不同于以往岩石成分中的矿物成分，有机质在岩石模型中如何考虑及体现，需要逐步地研究。其次，页岩气中的吸附气部分，占据了页岩所含天然气的很大分量，这部分吸附气在岩石物理模型中如何考虑，它对岩石物理参数有什么样的影响，对岩石物理模型的正演数据模拟产生什么样的响应，都是需要深入研究的问题。

　　页岩气储层的孔隙度和渗透率极低，具有非均匀性、各向异性等特征。黏土片晶的不均匀分布、有机质、地应力与天然裂缝引起页岩储层平均可达 15% 的弹性各向异性，有时甚至可以高达 30%～40%。由此可见，页岩有机质含量 TOC、黏土片晶分布、地应力及天然裂缝发育等与页岩弹性参数之间存在着明显的关系（图3）。

　　图4所示为页岩储层纵波速度与页岩成熟度关系图，其中的纵波速度由声波显微镜获取。可以看到，页岩的纵波速度与页岩的成熟度是正相关的，纵波速度随着页岩成熟度的增

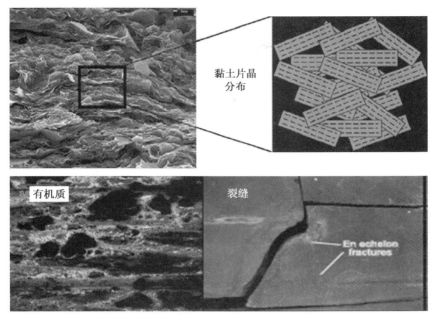

图 3   页岩储层弹性参数影响因素
参见附图 28

加而增加。图 5 所示为纵波速度与孔隙度关系图，其中的黑色实心点表示低孔隙富有机质页岩，可以看到它的纵波速度与孔隙度没有明显的关系；红色实心点表示高孔隙富有机质页岩，可以看到它的纵波速度随着孔隙度的增加而减小，显现负相关；蓝色实心点表示的是砂岩，它的纵波速度和孔隙度变化之间亦有着负相关的关系。

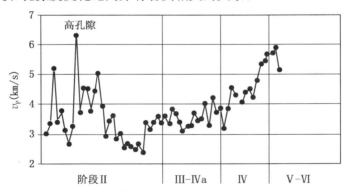

图 4   页岩纵波速度与成熟度关系图（Manika Prasad，2009）
参见附图 29

总之，研究页岩气岩石物理特征及相互之间的关系，建立页岩岩石物理参数特征与页岩有机碳含量、页岩成熟度、页岩天然裂缝发育、页岩微裂缝发育等页岩气评价指标之间的关系，对建立页岩气富集区岩石物理特征模式及评价分析方法技术具有重要的意义，是页岩气地球物理预测与评价的基础。

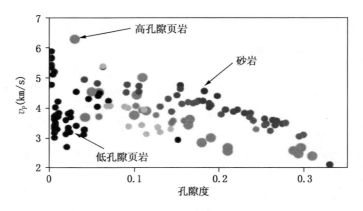

图5　纵波速度与孔隙度关系图

参见附图30

4　页岩气地球物理预测及评价方法

页岩气储层地震识别、预测及综合评价技术是地球物理技术在页岩气勘探开发中最重要（也是最有价值）的体现。地球物理技术不仅用于勘探阶段的资源评价，而且在开发阶段可直接为开发工程提供储层物性、页岩层裂缝和应力场数据，以降低勘探风险，提高勘探成功率。

在美国页岩气的早期勘探中，地震勘探方法的运用较少，人们并未清楚地认识到地震的重要性。在Barnett页岩勘探早期，核心区具备生产能力的页岩中无明显水层，主断层走向以外的小断层和喀斯特岩溶以及页岩层的上倾或下倾对开发影响不大，人们便认为地震资料在页岩气的勘探中并不重要。当页岩气开发延伸到非核心产区后，压裂措施的主要能量进入断层或岩溶内，或压裂的诱导裂缝穿透了下伏的石灰岩地层，导致页岩气井产水，经济性差。此时，三维地震才开始迅速成为页岩气勘探开的发必备手段和方法。

三维地震最早主要用于断层分布解释、裂缝发育带以及储层横向预测，以发现高产天然气聚集带，降低勘探风险。例如密执安盆地页岩气气藏研究中，利用经过偏移、共深度点叠加、反褶积等处理的三维地震数据，绘制目的层埋深图、平均速度与层速度等值线图，发现目的层存在低速带，研究人员将其解释为含气裂缝带。

由于我国页岩气地质条件比较复杂，适用于我国特点的页岩气基础理论还未形成。在页岩气勘探选区、高产富集区预测、储层特征与产能预测评价和页岩气资源评价等方面，以及利用地球物理方法预测页岩气富集区技术、页岩气数据模拟技术与产能预测评价技术等方面仍需要大力加强理论研究。

运用地震资料预测页岩厚度等是地震资料在页岩气识别及预测中的简单应用。图6所示即为运用地震资料反演得到地震阻抗后提取的川西地区新场须五段下亚段页岩厚度图。北美地区生产实践表明，页岩气成藏厚度下限为15m。页岩厚度图，可以为页岩气的勘探选区及资源评价提供原始的依据。页岩气具有自生自储自盖的特点，其上部盖层的发育并不如传统油气藏那么重要。北美Barnett页岩气藏盖层的作用不明显，实际上目前的高产区在致密石灰岩盖层缺失的区域。

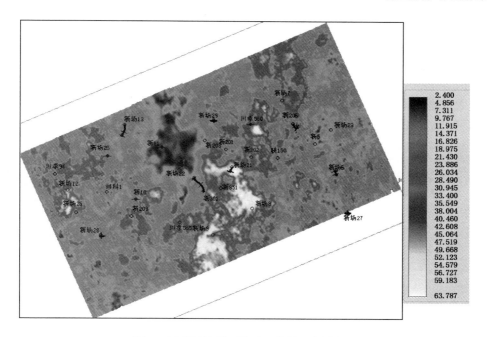

图 6 川西新场须五段下亚段泥页岩厚度图
参见附图 31

页岩储层的有机质含量 TOC 是一个非常重要的参数，很大程度上反映了页岩储层产气的潜力。利用地震方法获取页岩 TOC 参数信息是页岩气储层地震预测方法研究的重点之一。图 7 所示为利用 Passey 方法 TOC 模型得到的不同 TOC 下泊松比与声波阻抗的交会，可以看到泊松比与声波阻抗的交会可以比较好地反映页岩中的有机质含量。

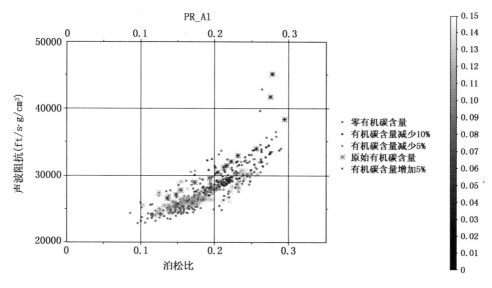

图 7 利用泊松比与声波阻抗交会的页岩储层 TOC 识别（据 GNT 公司）
参见附图 32

图 8 所示为北美某地 Bakken 组页岩的阻抗微结构图。图 8a 中为四个页岩样本，数据为氢指数，氢指数的减小指示了页岩成熟度的增加。图 8b 为四个页岩样本对应的阻抗微结构图，使用超声波显微镜获得，其超声波的频率为 1GHz。阻抗微结构图的色标中，100% 表示其阻抗值等于 $50km/s \cdot g/cm^3$，0% 表示阻抗值小于或等于 $7km/s \cdot g/cm^3$。由图可以解读出，随着页岩氢指数的减小，即页岩成熟度的升高，页岩的阻抗值随之增加。因此，波阻抗是检测页岩储层成熟度的一个有利参数。

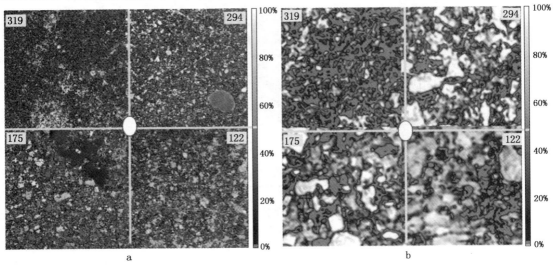

图 8 Bakken 组页岩显微薄片及波阻抗微结构（Manika Prasad，2009）
参见附图 33

同时，还有其他的一些弹性参数，也能指示页岩裂缝发育、有机质含量 TOC、压力等的变化，如图 9 所示。

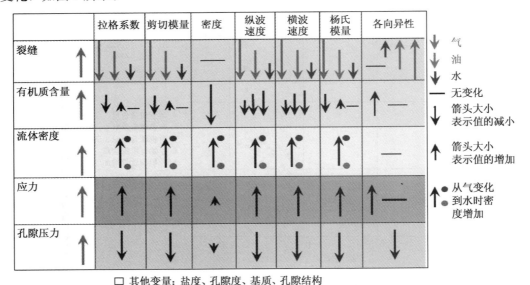

□ 其他变量：盐度、孔隙度、基质、孔隙结构

图 9 裂缝发育程度、TOC 等变化时各弹性参数的变化（据 GXT 公司）
参见附图 34

一般情况下，泥页岩储层厚度较大，可以达到几百米，同时，页层产层富气区的吸附气丰富，对吸附气对岩石的物性将造成何种影响，比如速度的衰减和频率的衰减如何？以往传统砂岩储层常常较薄，储层整体造成的地震波速度、频率变化可能相对较弱，衰减属性提取困难。而页岩储层厚达几百米，相应的速度、频率衰减累积效应明显，应是页岩储层含气性检测及页岩优质产层综合评价的一个较好手段。

5 结 论

从技术的发展方向来看，作为资源评价基本手段的页岩层厚度与埋深预测技术已经成熟，仅需要进一步提高预测精度；在高分辨率地震资料的基础上，对页岩气储层的多参数预测技术，包括地震响应特征分析、地震识别敏感参数优选以及地震反演技术，需要进行深入攻关，研究有别于常规油气藏的页岩气地震响应并形成配套的、可用于工业化生产的识别和预测技术；页岩的优质产层地震综合预测及评价方法，应以页岩的产层物性为基础，综合考虑页岩的天然裂缝发育情况、微裂缝发育情况、断层发育及通导性情况、盖层发育情况等多方面因素，并运用地震衰减等含气性检测方法，建立适应于页岩储层的优质产层综合预测及评价技术系列。

参 考 文 献

[1] 张金川，汪宗余，聂海宽．页岩气及其勘探研究意义．现代地质，2008，22（4）：640－646

[2] 李世臻，乔德武，冯志刚等．世界页岩气勘探开发现状及对中国的启示．地质通报，2010，29（6）：918－924

[3] 钱伯章，朱建芳．页岩气开发的现状与前景．天然气技术．2010，4（2）：11－13

[4] 李新景，胡素云，程克明．北美裂缝性页岩气勘探开发的启示．石油勘探与开发，2007，34（4）：392－400

[5] 刘洪林，王红岩，刘人和等．非常规油气资源发展现状及关键问题．天然气工业，2009，29（9）：113－116

[6] 张金川，姜生玲，唐玄等．我国页岩气富集类型及资源特点．天然气工业，2009，29（12）：109－114

[7] 李桂范，赵鹏大．地质异常找矿理论在页岩气勘探中的应用．天然气工业，2009，29（12）：119－124

[8] 宁宁，王红岩，雍洪等．中国非常规天然气资源基础与开发技术．天然气工业，2009，29（9）：9－12

[9] 张金川，聂海宽，徐波．四川盆地页岩气成藏地质条件．天然气工业，2008，28（2）：151－156

[10] 朱华，姜文利，边瑞康等．页岩气资源评价方法体系及其应用——以川西坳陷为例．天然气工业，2009，29（12）：130－134

[11] 张卫东，郭敏，杨延辉．页岩气钻采技术综述．中外能源，2010，15（6）：35－40

[12] 刘洪林，五莉，王红岩等．中国页岩气勘探开发适用技术探讨．油气井测试，2009，18（4）：68－71

[13] 刘洪林，王红岩，刘人和等．非常规油气资源发展现状及关键问题．天然气工业，2009，29（9）：113－116

[14] 潘仁芳，赵明清，伍媛．页岩气测井技术的应用．中国科技信息，2010，（7）：16－18

[15] 王广源，张金川，李晓光等．辽河东部凹陷古近系页岩气聚集条件分析．西安石油大学学报（自然科学版），2010，25（2）：1－5

[16] 安晓璇，黄文辉，刘思宇等．页岩气资源分布、开发现状及展望．资源与产业，2010，12（2）：103－109

[17] 王祥，刘玉华，张敏等．页岩气形成条件及成藏影响因素研究．天然气地球科学．2010，21（2）：350－356

[18] 聂海宽，张金川．页岩气藏分布地质规律与特征．中南大学学报（自然科学版），2010，41（2）：700－708

[19] 张金川，金之钧，袁明生．页岩气成藏机理和分布．天然气工业，2004，24（7）：15－18

[20] 王德新，江裕彬，吕从容．在泥页岩中寻找裂缝性油、气藏的一些看法．西部探矿工程，1996，8（2）：12－14

[21] Montgomery S L，Jarvie D M，Bowker K A，et al. Mississippian barnett shale，Fort Worth basin，north－central Texas：gas－shale play with multi－trillion cubic foot potential. AAPG Bulletin，2005，89（2）：155－175

[22] Curtis J B. Fractured shale－gas systems. AAPG Bulletin，2002，86（11）：1921－1938

[23] 刘树根，曾祥亮，黄文明等．四川盆地页岩气藏和连续型—非连续型气藏基本特征．成都理工大学学报（自然科学版），2009，36（6）：578－592

[24] Law B E，Curtis J B. Introduction to unconventional petroleum systems. AAPG Bulletin，2002，86（11）：1851－1852

[25] 陈佳梁，兰素清，王昌杰．裂缝性储层的预测方法及应用．勘探地球物理进展，2004，27（1）：35－40

[26] 刘继民，刘建中，刘志鹏等．用微地震法监测压裂裂缝转向过程．石油勘探与开发，2005，32（2）：75－77

[27] 曲寿利，季玉新，王鑫．泥岩裂缝油气藏地震检测方法．北京：石油工业出版社，2003

第四部分

软件系统研发

基于 MPI 和 CUDA 的转换波 Kirchhoff 叠前时间偏移并行计算

喻 勤 孔选林 徐天吉

中国石化西南油气分公司勘探开发研究院物探三所，中国石化多波地震技术重点实验

摘 要 转换波叠前时间偏移数据量巨大，计算时间长，偏移过程中需多次偏移以找到匹配的偏移速度模型，导致偏移处理周期长，影响多波多分量勘探效率。目前主要依赖 CPU 集群计算，但集群存在成本高、功耗大、占用空间大、维护成本高等缺点。为克服偏移计算耗时和降低计算成本，文章给出一种基于 MPI 和 CUDA 的转换波 Kirchhoff 叠前时间偏移并行算法，将细粒度线程级的 GPU 并行计算融合粗粒度的进程级 MPI 并行编程模型，利用实际工区的转换波数据分别在 CPU（单核）、GPU（单卡）、MPI 和 GPU（2 节点）测试平台上对算法进行了验证和性能分析，GPU（2 节点）计算速度较 CPU（单核）提高了近 400 倍，并在实际工区处理应用中评估偏移的效果和效率，给出了一种高效、低成本的新解决途径。

关键词 转换波 消息传递接口 统一设备架构 Kirchhoff 叠前时间偏移

1 引 言

转换波 Kirchhoff 叠前时间偏移是转换波地震数据处理中的一项关键技术，不需要进行抽取 CCP 道集和 DMO 处理，就可实现全空间三维转换波资料的准确成像[1]。随着国内外油气勘探开发规模和难度不断增加，工业生产中数值计算的需求呈现出级数增长的趋势，特别是转换波叠前数据量巨大，进行叠前偏移处理异常耗时。为提高生产效率，目前大多数偏移都是采用大规模 CPU 集群进行计算，但集群设备存在着成本高、功耗大、占用空间大、维护成本高等缺点，因此找到一种新的有效解决途径是非常具有研究意义的。近几年，应用 GPU 高性能计算进行地震偏移成为一个新兴的研究热点，国外的 CGGveritas、WesternGeco、Headwave、Peakstream，国内的中国科学院、东方地球物理公司、南京物探研究院、恒泰艾普、西南油气分公司[2~5]等多家单位都开展了基于 GPU 的各种偏移算法的研究，包括叠前时间偏移，叠前深度偏移、单程波波动方程偏移、逆时偏移等，性能都有数十倍的提升。但目前基于 GPU 的转换波偏移方面的论文还很少见，中国石化川西地区新场 3D3C 勘探是国内外最大的工业化生产的转换波勘探项目，将基于 CUDA 和 MPI 的转换波叠前时间偏移应用到川西地震资料处理中，能够缩短处理周期，协助川西深层致密裂缝性气藏的勘探开发。文章采取基于 MPI 和 CUDA 的转换波 Kirchhoff 叠前时间偏移并行算法，在 Linux 环境下利用 Eclipse、CUDA toolkit4.2、MPICH2.1 等工具，实现了一种新的高效、低成本的转换波资料处理关键算法。

2 转换波 Kirchhoff 叠前时间偏移

2.1 转换波 Kirchhoff 叠前时间偏移原理

偏移的目的是利用地震数据对地下介质进行成像，转换波的叠前时间偏移从理论上规避了输入数据零炮检距的假设，从而避免了 NMO 校正叠加产生的畸变，比叠后时间偏移保存了更多的叠前信息，叠前偏移后的叠加是共反射点反射波的叠加，依据的模型是任意非水平层状介质，因此叠前偏移的图像比叠后偏移在空间位置上更准确。此外叠前时间偏移[6]利用均方根速度场可以逐点进行速度分析，成像精度较高，偏移速度较快，对速度模型精度的要求较低，并可以提高 AVO 分析的精度，适合于横向速度变化不大地区的地震资料处理。

在转换波地震数据处理中，由于下行 P 波和上行 S 波的路径不对称，需要做共转换点[7]（CCP）选排来代替 CMP，因此转换波资料处理流程一般为抽 CCP 道集、速度分析、NMO、DMO、叠加以及叠后偏移等。但 CCP 面元化不易找准转换点真实位置，DMO 不能适应层间速度剧烈变化和大陆倾角情况等，所以需要采用转换波叠前时间偏移技术。转换波叠前时间偏移技术不需要进行抽取 CCP 道集和 DMO 处理，就能实现全空间的三维转换波资料的准确成像。

各向异性双平方根方程叠前时间偏移方程[8,9]可以写成

$$t_c = \sqrt{\left(\frac{t_{c0}}{1+\gamma_0}\right)^2 + \frac{(x+h)^2}{v_{P2}^2} - 2\eta_{\text{eff}}\Delta t_P^2} + \sqrt{\left(\frac{\gamma_0 t_{c0}}{1+\gamma_0}\right)^2 + \frac{(x-h)^2}{v_{S2}^2} + 2\eta_{\text{eff}}\Delta t_S^2} \tag{1}$$

式中，h 是半源检偏移距，由于从实际地震数据中很难获得 v_{S2}，在转换波各向异性进行速度分析时也没有得到 v_{P2}，但是这两个参量可以利用 v_{c2} 得到，即

$$v_{P2}^2 = \gamma_{\text{eff}}(1+\gamma_0)v_{c2}^2/(1+\gamma_{\text{eff}}) \tag{2}$$

$$v_{S2}^2 = (1+\gamma_0)v_{c2}^2/[\gamma_0(1+\gamma_{\text{eff}})] \tag{3}$$

转换波成像原理如图 1 所示，转换波叠前时间偏移算法是计算出炮点到成像点的下行 P 波走时 t_P，成像点到检波器上行 S 波走时 t_S，然后将下行 P 波和上行 S 波走时依据散射旅行时公式（1），将 t_{PS} 上的能量累加到成像点处。转换波 Kirchhoff 叠前时间偏移能使转换波在三维空间任何位置准确成像，并不依赖于输入道集的形式，都可以通过 Kirchhoff 叠前时间偏移后将输入道集转换成共反射点（CRP）道集，任意一道检波点上接收的能量都可以依据炮检点间的空间关系，按照各向异性旅行时方程分配到空间所有可能的成像位置，而所有炮检对的能量都可以依据方程给出的射线路径累加到这点的成像位置。

2.2 基于 MPI 和 CUDA 的算法实现

GPU（Graphic Processing Unit）图形处理器[10~13]，是专门负责图形渲染的核心处理器。CUDA 是 Nvidia 开发的一种并行编程模型，CUDA 采用 SIMT 的编程模型，用于开发高度并行线程级的程序。MPI（Message Passing Interface）[14,15]是一种基于消息传递并行编程模型的标准规范，它的具体实现包括 MPICH、OPENMPI、IBM MPL 等多个版本，最常

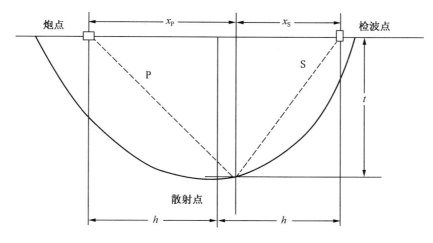

图 1　转换波成像示意图

用和稳定的是 MPICH 和 OPENMPI。

　　MPI 与 CUDA 最大优势都在于并行，但 MPI 是主处理器 CPU 进程上粗粒度的并行，CUDA 的并行是协处理器 GPU 轻量线程细粒度的并行。实现基于 MPI 和 CUDA 的并行算法，需要对计算任务划分，将计算流程划分出属于进程间并行偏向管理控制的部分，和线程间并行偏向计算密度大的部分，将主处理器和协处理器结合起来，这样能最大限度地利用计算机的处理能力。设计基于 MPI 和 CUDA 的 Kirchhoff 叠前时间偏移并行算法中主要从以下几个方面考虑：

　　（1）从硬件系统上考虑，采取了一个 CPU 绑定一个 GPU 的方式，这样可以形成最小计算粒度的节点，比较灵活的进行数据计算，保证单独享有 L2 和 L3 缓存，消除多核 CPU 产生的数据竞争问题，减少分配资源从而降低内存负载，保持 CPU 到显存 PCI－E 信道，CPU 到主存以及主存到硬盘总线带宽的高带宽。

　　（2）CPU 进程间的通信通过 MPI 来完成，每个 CPU 进程绑定一个 GPU，利用 MPI 主要完成均衡的任务分割，完成偏移过程所需相关参数的计算，对各节点分发数据，管理控制各节点 GPU 的计算流程等任务。在每个节点的 GPU 上主要进行实际的偏移计算，偏移计算所需的参数可以通过 MPI 分发到各个 GPU 节点上，对于速度数据，建立了一个数据表，供各个 GPU 共享快速查询，然后再进行各个 CPU 节点的结果叠加，最后得出输出地震剖面。计算流程如图 2 所示。

　　（3）偏移本质是一个信号能量再分配的问题，将检波器接收的信号能量按照一定的关系进行归位，分配到地层的各个采样点上，因此最终偏移后地震道的输出和每一道地震道所采集的数据都有关系，偏移后的输出道之间是相互独立的，这样可以把偏移过程简化为若干个独立不相关的子问题，GPU 的优势在于众核，将一个过程分解为不相关可以异步的子过程，转化为 GPU 轻量级多线程应用。

　　（4）从 GPU 硬件特性考虑，采取多道输入和多道输出相结合的方式，输出道模式，非常节约内存，缺点是需要对输入数据重复读取；输入道模式，要将输入数据分配到成像空间中，缺点是需要将整个输出成像空间数据存放到主机内存中。GPU 非常适合"小数据大运

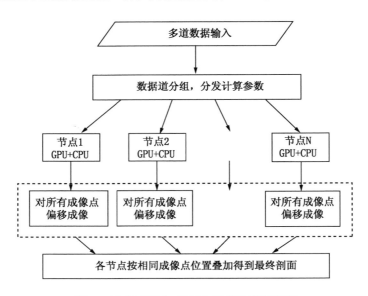

图 2 　基于 MPI 和 CUDA 偏移计算流程图

算"这种类型的问题，利用计算去隐藏 I/O 访问带来的效率损耗，采取多输入多输出方式需要相对最少的输入数据并能够重复利用，而且大幅减少主存和显存之间的拷贝次数及时间，达到数据高吞吐并行计算。

（5）设计中需要考虑 GPU 算法的均衡性，对于每块 GPU 来说，thread 里面的偏移计算过程存在计算分支，每个 block 里面的 thread 计算需要线程同步，这样需要最为平均的计算量可以减少同步等待的时间，线程数量过多会导致线程同步时间变长，也会导致计算过程中寄存器数量不够以及上下文切换压栈带来的消耗；线程数量过小，会导致 block 数量增多，kernel 实质上是以 block 的形式执行采取轮询调度，block 切换调用开销相对较大，在算法设计中，需要根据偏移计算需要的寄存器变量，计算过程的复杂性合理分配每个 block 里面的线程数量。

（6）设计 CUDA 偏移算法关键的一点，是如何在偏移计算过程中利用 shared memory，在不发生 bank conflict 时，访问延迟与 register 相同。在不同的 block 之间，shared memory 是动态分配的。在同一个 block 内 shared memory 是进行线程间低延迟数据通信的唯一手段，将偏移过程中每个 block 中的线程都需要的变量利用 shared memory 进行访问，例如最后的偏移能量累积叠加都是利用 shared memory 进行叠加的，这样保证了访问 global memory 的次数最少，且避免了采用 global 的不合并访问而造成的效率低的问题，可以提高计算效率。

3　程序测试与结果分析

为测试基于 CUDA 的 Kirchhoff 叠前时间偏移并行算法的性能，本文在 Linux 操作系统下构建了算法模块，并实现了该算法。测试平台采取 DELL 的 6 节点小型集群，集群中有 2 个 Tesla M2070 GPU 节点。测试环境配置如表 1 所示，实验数据采取川西某区块的转换波采集数据，选取了四组数据进行测试。

表1 测试环境

设　　备	Intel Xeon CPU E5606	Tesla M2070
内存	8GB	5GB
核心数	4	448
主频	2.13 GHz	1.15GHz
带宽	25 GB/s	144 GB/s
单精度浮点峰值	43.56 GFlops	1.03TFlops
最大功率	80W	238W

对四组数据分别在 Intel Xeon CPU E5606 单核，Tesla M2070 GPU 单卡，以及利用 MPICH2 和 CUDA4.2 在集群上的 2 个 GPU 节点进行了测试。以往采取计算热点部分进行比较，忽略了如 CPU 到 GPU 数据准备过程，GPU 到 CPU 结果输出过程以及其他一些会耗时的过程，造成计算部分虽然加速比非常高，但是整个计算任务加速比却降低很多。为了获得更客观的计算效率，测试的方法选取是采用相同的计算量即是给出相同的计算任务，以相同的偏移算法策略，采取不同计算方式，完成相同计算任务得到总的程序计算时间，最终获得 GPU 计算加速比，这个加速比真正反应了一个计算任务的加速比。

表2 测试计算时间（ms）

数 据 大 小	66.6MB	347.7MB	1.67GB	4.76GB
CPU（单核）	185270	2289465	11687518	33876944
GPU（单卡）	2398	12803	59959	178420
MPI 和 GPU（2 节点）	1390	6738	31153	94525

表3 测试计算加速比

数 据 大 小	66.6MB	347.7MB	1.67GB	4.76GB
CPU（单核）	1	1	1	1
GPU（单卡）	77.26	178.82	194.92	189.87
MPI 和 GPU（2 节点）	133.28	339.78	375.16	358.39

此处加速比的含义：加速比＝串行执行时间/并行执行时间。

从以上的结果可以看出，基于 CUDA 的偏移计算效率大幅度提升，即使在小数据量下 GPU 未能得到充分利用，计算效率也大幅度提升，在数据量充分的情况下 GPU 单卡较 CPU 单核的速度比达到了接近 200 倍，利用 MPI 和 GPU 的 2 个节点的计算速度比接近 400 倍。利用 4.76GB 的测试数据，分别利用单核 CPU 和 2 节点 GPU 进行偏移得到的剖面如图 3 所示。

利用图 3 所得到的两个剖面，将两个剖面所对应的点进行数值误差分析，横轴表示成像剖面各个成像点，总计有 10^6 个成像点，纵轴表示对应点绝对误差。如图 4 所示，由于 GPU 和 CPU 偏移中，算法计算次序有差异，在 GPU 关闭 ECC 前提下，产生了的浮点误

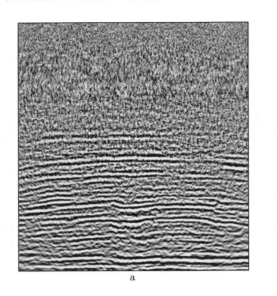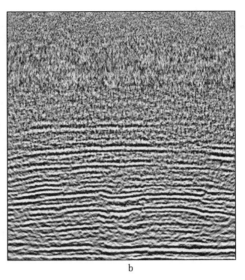

图 3　CPU（a）和 GPU（b）偏移出的剖面

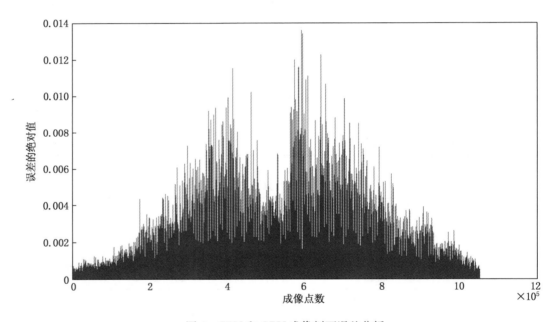

图 4　CPU 和 GPU 成像剖面误差分析

差[16]。而在偏移过程中误差累积，最终会表现为幅度误差。在偏移数量为 4.76GB 的条件下，误差被控制在 0.01 的数量级，表明 GPU 的计算精度对实际资料的成像结果基本没有产生影响。

　　为评估偏移算法在实际处理应用中的效果和效率，采用了新场的地震数据，从该工区中截取了一块数据，数据大小约为 360GB。利用 2 节点 GPU 进行全数据偏移成像，偏移所用时间如表 4 所示。

表 4　新场工区数据测试

偏移平台	（2 节点）GPU M2070		
偏移数据量	360G	360G	360G
偏移主测线数	1	10	30
偏移时间	6387s	63542s	189976s

可以看出仅在 2 节点 GPU 上进行偏移，计算时间得到很大改善，偏移 30 条主测线耗费机时仅需 2 天就能完成。在偏移出来的结果中任意选取了一条剖面，如图 5 所示。由于客观原因，偏移输入数据并没有做静校正相关的处理，从得到的剖面可以看出，虽然还存在着动校畸变和一定的假频干扰现象，但构造点基本能够正确归位，特有的画弧现象得到了消除，能基本完成构造成像的功能，而且偏移的效率得到了很大的提高。

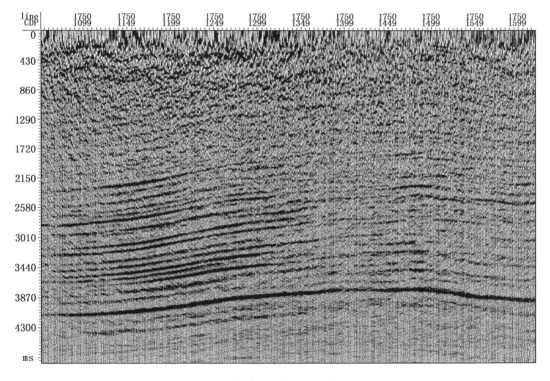

图 5　偏移得到新场工区剖面

在偏移处理过程中需要生成反动校 CRP 道集，进行偏移速度分析，利用 GPU 偏移得到的 CRP 反动校道集，任选了一个道集，如图 6 所示。从图 6 中可以看出，反动校 CRP 道集中具有标识特征的同相轴能够显著显示，同相轴呈近似双曲线分布，但由于转换波资料问题，信噪比较低。偏移能正确生成反动校的 CRP 道集，能结合偏移速度分析软件进行偏移速度分析。因为进行偏移速度分析，一般不需要逐点计算产生道集，计算时间较偏移产生剖面要少得多，这里并没有对计算生成 CRP 道集的效率进行分析。

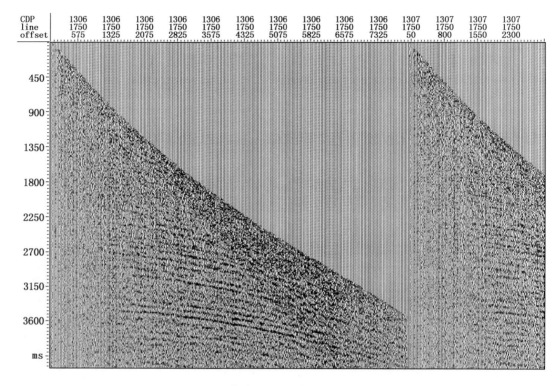

图 6　偏移反动较后的 CRP 道集

4　结　　论

　　本文实现了基于 MPI 和 CUDA 的转换波 Kirchhoff 叠前时间偏移并行算法。经过地震数据测试分析，结果表明基于 CUDA 和 MPI 的转换波叠前时间偏移计算具有高效性，为地震勘探中的转换波偏移处理提供了新的高效低成本的解决方案，为推进 GPU 高性能计算在转换波勘探开发中的应用提供了新思路。在此基础上，为达到工业化应用水平还需对偏移算法本身进行深入改善。

参 考 文 献

［1］马昭军，唐建明．叠前时间偏移在三维转换波资料处理中的应用．石油物探，2007，46（2）：174 - 180

［2］张兵，赵改善，黄俊等．地震叠前深度偏移在 CUDA 平台上的实现．勘探地球物理进展，2008，31，（6）：427 - 432

［3］刘国峰，刘洪，王秀闽等．Kirchhof 积分叠前时间偏移的两种走时计算及并行算法．地球物理学进展，2009，24（1）：131 - 139

［4］李肯立，彭俊杰，周仕勇．基于 CUDA 的 Kirchhof 叠前时间偏移算法设计与实现．计算机应用研究，2009，26（12）：4474 - 4479

［5］刘国峰，刘钦，李博等．油气勘探地震资料处理 GPU/CPU 协同并行计算．地球物理学进展，2009，24（5）：1671 - 1678

［6］ Dai H，Li X Y and Conway P. 3D pre－stack Kichhoff time migration of PS－waves and migration velocity model building. 74th Ann. Internat. Mtg. ，Soc. of Expl. Geophys. ，2004，1115－1118

［7］ Li X Y. Converted－wave moveout analysis revisited：The search for a standard approach. 73rd Ann. Internat. Mtg. ，Soc. of Expl. Geophys. ，2003，805－808

［8］ Xiang－Yang Li，Hengchang Dai and Fabio Mancini. Converted－wave imaging in anisotropic media：theory and case studies. Edinburgh Anisotropy Project，April 2006，30－36

［9］ Li X Y，Yuan J X. Converted wave traveltime equations in layered anisortropic media：an overview. EAP Annual Research Report，2001，3－32

［10］ John D Owens. A Surey of General－Purpose Computation on Graphics Hardware. EUROGRAPHICS，2008，135－145

［11］ Nvidia. Nvidia CUDA Compute Unified Device Architecture programming guide version4. 0 ［EB/OL］，2011－12－9，40－44

［12］ 张舒，褚艳丽等 . GPU 高性能计算之 CUDA. 中国水利电力出版社，2009

［13］ Ravi Budruk，Don Anderson，Tom Shanley. PCI Express System Architecture. Addison Wesley，2003

［14］ 都志辉等 . 高性能计算之并行编程技术——MPI 并行程序设计 ［EB/OL］，2007－10－9，21－32

［15］ John D Owens，Mike Houston，David Luebke，et al. GPU Computing. Proceedings of the IEEE，2008，96（5）：879－897

［16］ Mountain View. What every computer scientist should know about floating－point arithmetic. Revision A，June 1992

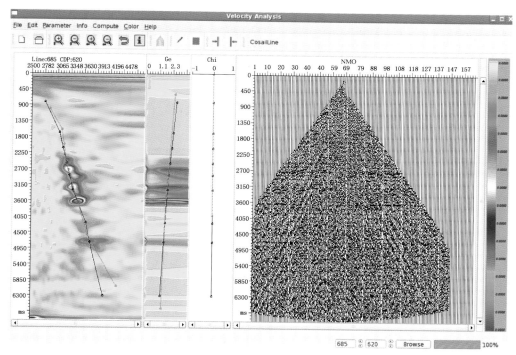

附图 1 转换波各向异性速度分析

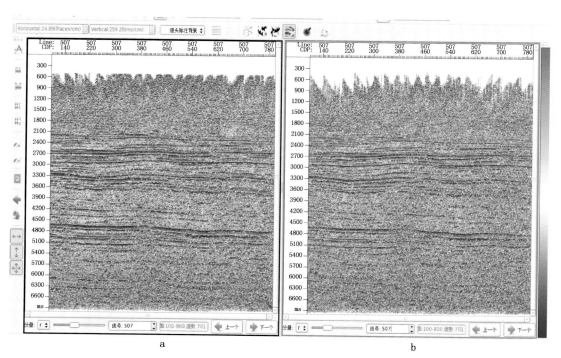

a   b

附图 2 CCP 及 ACP 叠加剖面对比
a—CCP 叠加剖面；b—ACP 叠加剖面

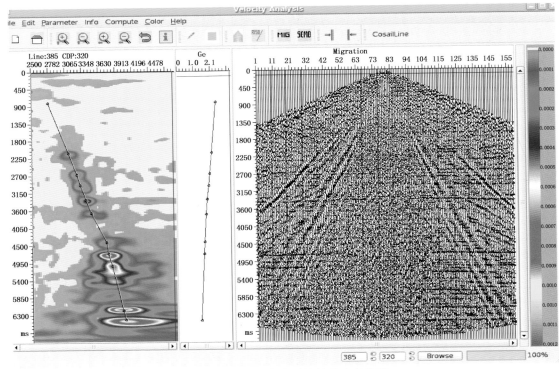

附图 3　转换波各向异性偏移速度分析

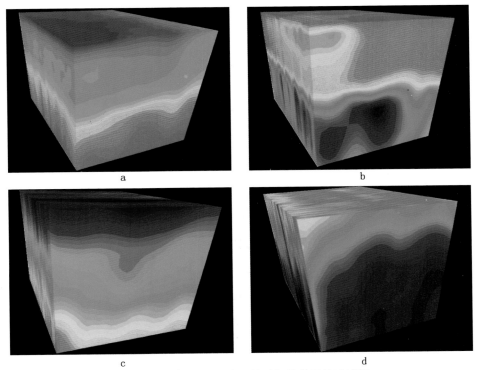

附图 4　XQ 地区转换波叠前时间偏移最终速度场

a—纵波速度；b—纵波各向异性参数；c—转换波速度；d—转换波各向异性参数

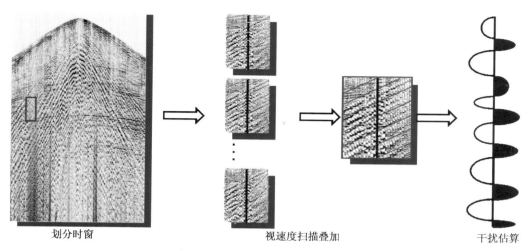

划分时窗   视速度扫描叠加   干扰估算

附图 5 视速度扫描叠加滤波原理

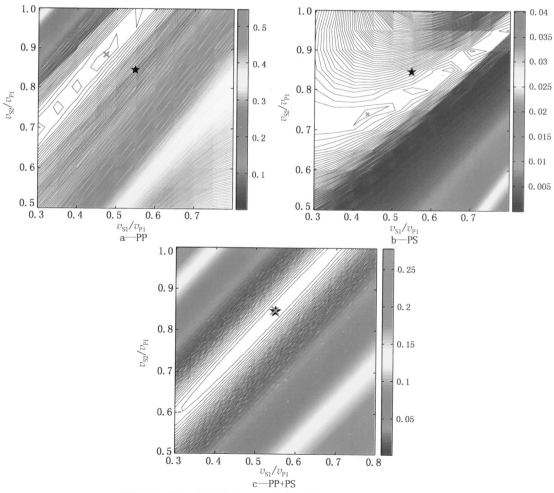

附图 6 PP、PS 和 PP + PS 联合反演目标函数收敛性比较
蓝色十字点是最优反演解，黑色五角星是真实解

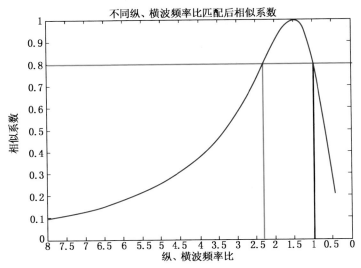

附图 7　不同主频 PS 波经精确 γ_0 匹配后与 PP 波的相似系数

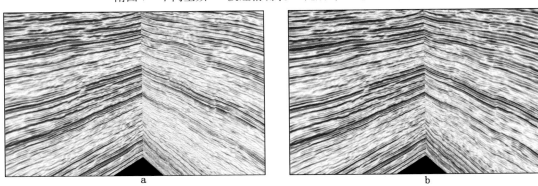

附图 8　频率匹配处理前 PS 波与 PP 波（a）与频率匹配处理后 PS 波与 PP 波（b）

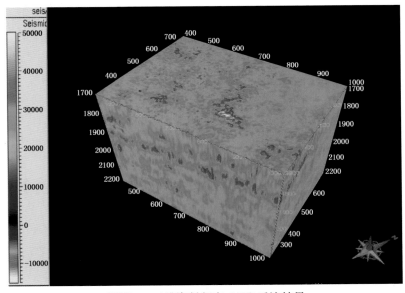

附图 9　三维资料频变 AVO 反演结果

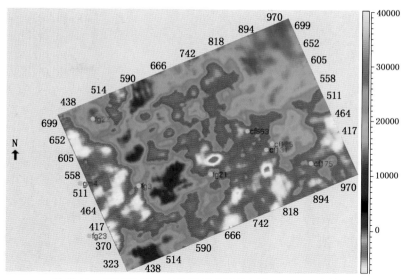

附图 10 须四段第一套砂层组的纵波频变 AVO 反演结果

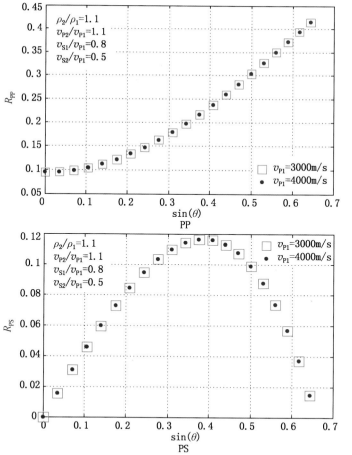

附图 11　比值参数相同时，两个不同模型纵波和转换波
反射系数随入射角的变化相同

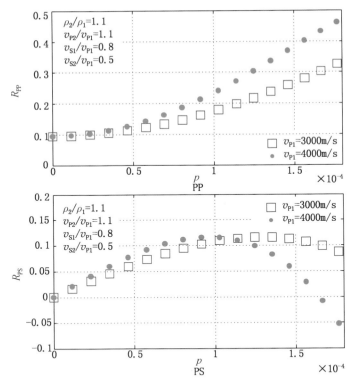

附图 12　比值参数相同时，两个不同模型纵波和转换波反射系数随射线参数 p 的变化不同

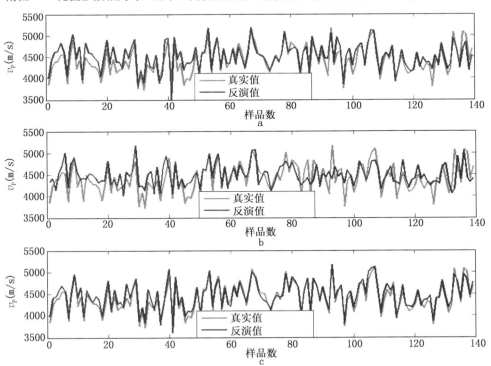

附图 13　不同类型波场数据反演纵波速度结果

a—单一纵波反演结果；b—单一转换波反演结果；c—纵波和横波联合反演结果

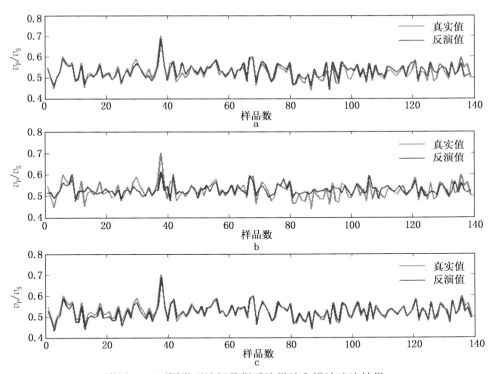

附图 14 不同类型波场数据反演纵波和横波速比结果

a—单一纵波反演结果；b—单一转换波反演结果；c—纵波和横波联合反演结果

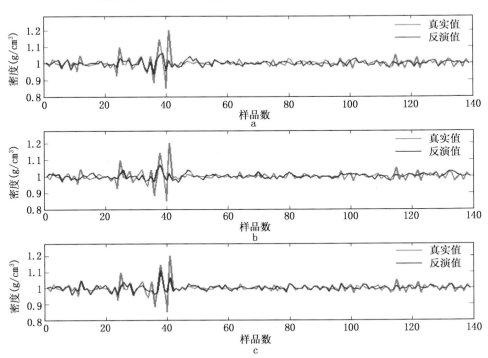

附图 15 不同类型波场数据反演密度比值结果

a—单一纵波反演结果；b—单一转换波反演结果；c—纵波和横波联合反演结果

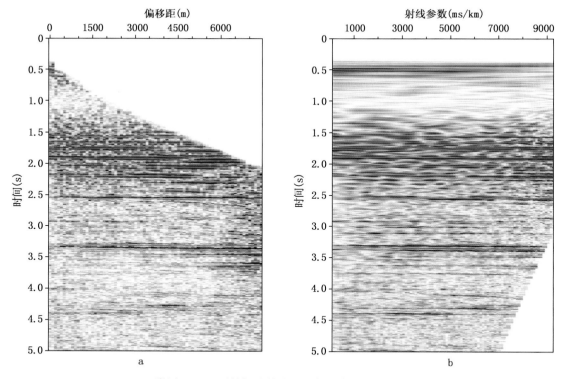

附图 16　地震数据从偏移距到射线参数域的转换

a—叠前共成像点道集；b—叠前射线域道集

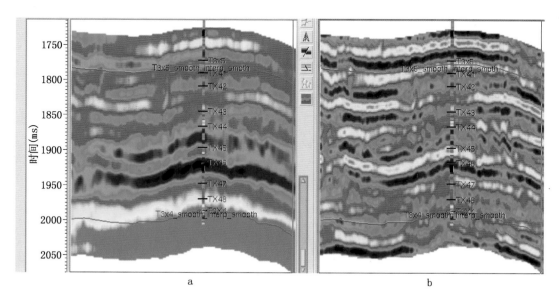

附图 17　纵波速度反演结果对比

a—角度域反演纵波速度；b—射线参数域反演纵波速度

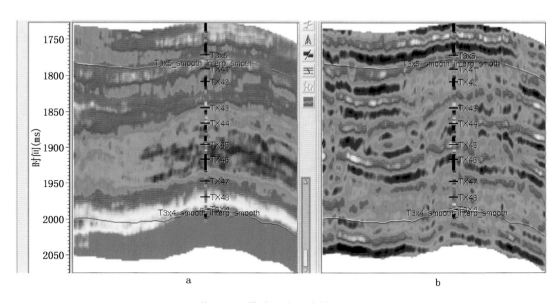

附图 18　横波速度反演结果对比

a—角度域反演横波速度；b—射线参数域反演横波速度

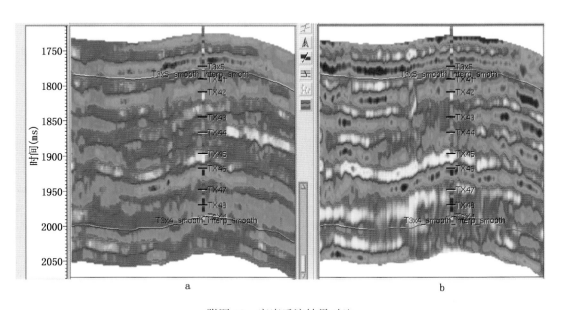

附图 19　密度反演结果对比

a—角度域反演密度；b—射线参数域反演密度

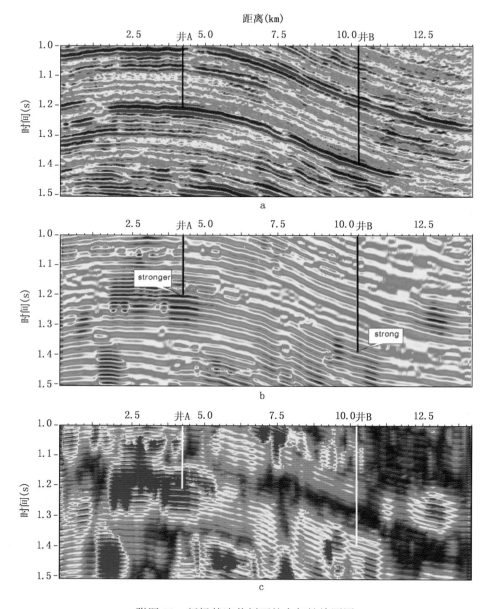

附图 20　新场某连井剖面的含气性检测图

a—新场气田过井 A 和井 B 的连井剖面；b—用混沌优化算法反演的 C_1 属性剖面；

c—$C_1^2 \Delta | C_1 |$ 属性剖面

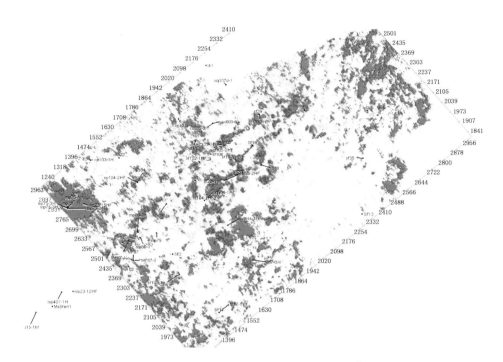

附图 21 新马什邡地区 JP23 含气检测异常图

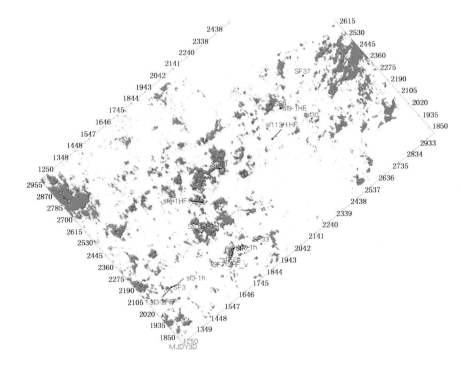

附图 22 新马什邡地区 JP25 含气检测异常图

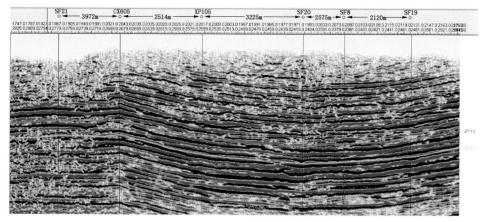

附图 23　川西坳陷德阳北地区连井地震剖面

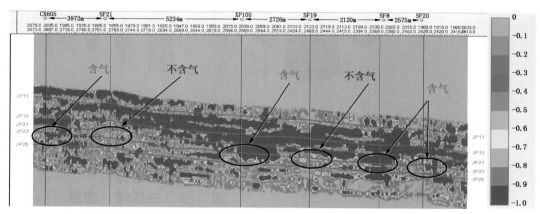

附图 24　川西坳陷德阳北地区连井地震衰减梯度属性剖面

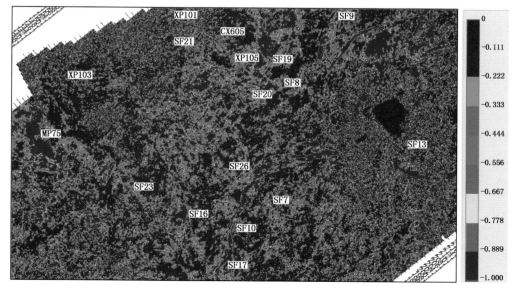

附图 25　川西坳陷德阳北蓬莱镇组 JP23 层地震衰减梯度属性切片

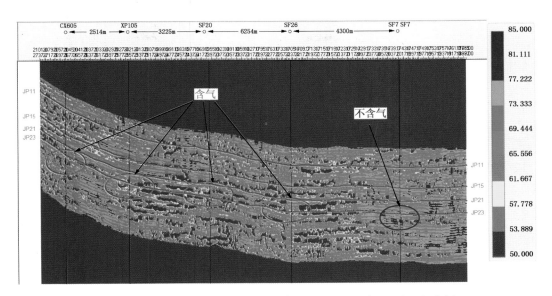

附图 26 川西坳陷德阳北地区连井地震能量比为 85％时对应的频率剖面

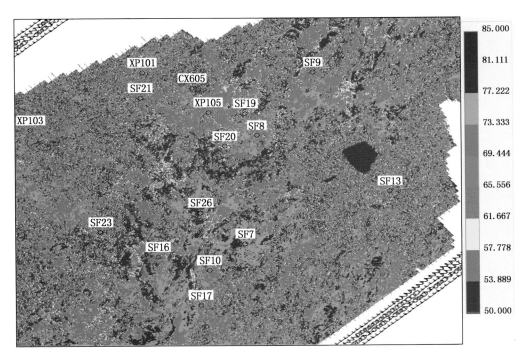

附图 27 川西坳陷德阳北蓬莱镇组 JP23 层地震能量比为 85％时对应的频率切片

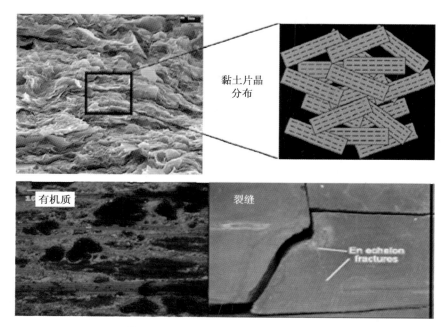

附图 28　页岩储层弹性参数影响因素

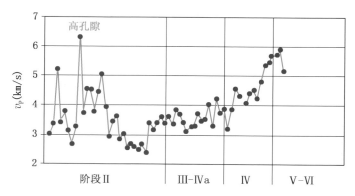

附图 29　页岩纵波速度与成熟度关系图（Manika Prasad，2009）

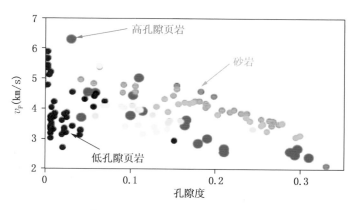

附图 30　纵波速度与孔隙度关系图

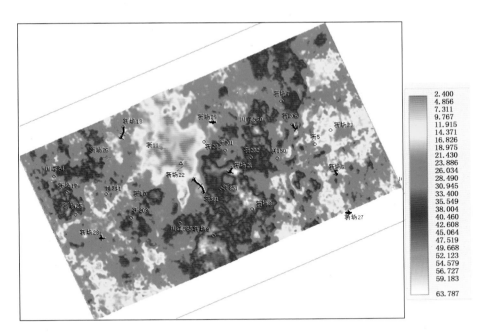

附图 31　川西新场须五段下亚段泥页岩厚度图

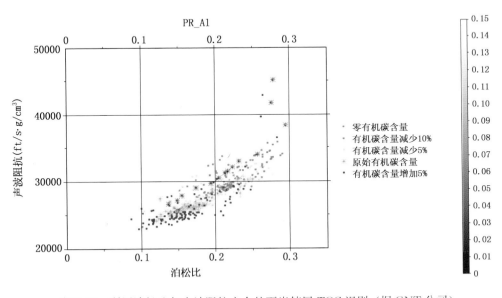

附图 32　利用泊松比与声波阻抗交会的页岩储层 TOC 识别（据 GNT 公司）

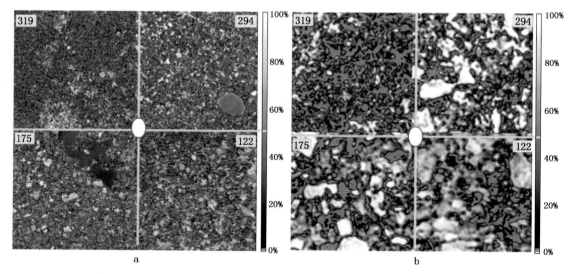

附图33　Bakken组页岩显微薄片及波阻抗微结构（Manika Prasad，2009）

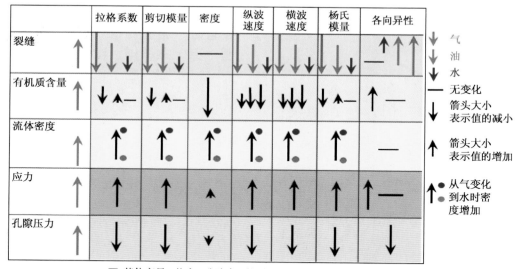

□ 其他变量：盐度、孔隙度、基质、孔隙结构

附图34　裂缝发育程度、TOC等变化时各弹性参数的变化（据GXT公司）